CMP BOOKS
机工IT

AI 全能助手

人人都能 玩转

廖显东◎编著

DeepSeek

U0219655

机械工业出版社
CHINA MACHINE PRESS

本书涵盖从 DeepSeek 入门到成为 DeepSeek 高手的核心知识、方法和技巧。全书共 7 章，第 1 章 DeepSeek 快速上手，从注册、安装到界面解析，帮助读者快速入门。第 2 章向 DeepSeek 提问的艺术，掌握提示工程的精髓以及与 DeepSeek 进行高效对话的方法和技巧。第 3 章 DeepSeek 让学习更轻松，帮助读者制订学习计划、追踪学习进度、协助阅读文献，充当学习小助手。第 4 章 DeepSeek 让办公更高效，在职场效率、Office 办公、沟通效率、图片编辑、短视频生成、AI 工作流等方面成为办公助手。第 5 章让 DeepSeek 扮演生活娱乐助手，在日常生活、健身、音乐与电影推荐、头脑风暴、角色扮演等方面提供专业建议。第 6 章 DeepSeek 让写作更高效，利用 DeepSeek 提升文案创意、论文写作、脚本创作、职场公文写作、求职简历写作等能力。第 7 章深度挖掘 DeepSeek 的潜力，包括搭建 DeepSeek 私人知识库、DeepSeek 底层原理剖析、自动化编程、本地部署 DeepSeek 等。随书附赠 81 个微视频，扫码即可观看。

本书适合 DeepSeek 初学者、办公室白领、自媒体博主、教师和学生、学术研究人员、程序员等人群，以及希望通过 DeepSeek 提升工作学习效率和生活品质的其他读者。

图书在版编目（CIP）数据

AI 全能助手：人人都能玩转 DeepSeek／廖显东编著.
北京：机械工业出版社，2025. 3（2025. 5 重印）. -- ISBN
978-7-111-77947-6

Ⅰ. TP18

中国国家版本馆 CIP 数据核字第 2025NZ3018 号

机械工业出版社（北京市百万庄大街 22 号　邮政编码 100037）
策划编辑：李晓波　　　　　　责任编辑：李晓波
责任校对：李　杉　张　薇　　责任印制：常天培
固安县铭成印刷有限公司印刷
2025 年 5 月第 1 版第 3 次印刷
165mm×225mm · 15. 75 印张 · 262 千字
标准书号：ISBN 978-7-111-77947-6
定价：79. 60 元

电话服务　　　　　　　　　网络服务
客服电话：010-88361066　　机　工　官　网：www. cmpbook. com
　　　　　010-88379833　　机　工　官　博：weibo. com／cmp1952
　　　　　010-68326294　　金　书　　网：www. golden-book. com
封底无防伪标均为盗版　　机工教育服务网：www. cmpedu. com

序

人工智能（AI）最早起源于 1956 年的达特茅斯会议，其发展经历了三起三落，至今已有近 70 年，历史再一次把人工智能的各种技术和应用推向高潮。ChatGPT、Gemini、Grok3、DeepSeek 等都是人工智能的大模型技术之一，尤其是我国自主研发的 DeepSeek，因其性能优于欧美的同类技术而成为翘楚。

我个人对以 ChatGPT、Gemini、Grok3、DeepSeek 等为代表的 AI 技术的看法：第一，必须适应它，顺应时代发展；第二，必须学会它，掌握它的基本技能；第三，必须结合它，结合自身的专业和行业特点用它解决问题。

我在给四川师范大学 2019 级 MBA 学生上课时，发现本书作者廖显东对现代信息技术非常感兴趣而且已经有了很深的研究并出版了相关书籍。这次又对 DeepSeek 进行了研究，并普及性地撰写了《AI 全能助手：人人都能玩转 Deep-Seek》一书，正好解决了我上面所讲的"学会它"的问题，尤其是强调了科研工作者在查阅文献、整理数据、撰写论文时，DeepSeek 起到的提升学术效率的作用。本书还介绍了如何利用 DeepSeek 辅助研究、优化论文写作流程，提高研究成果的质量。对于普通大学生而言，这本书可以协助提升论文写作效率和质量。

最后，对 40 年前在读研究生阶段就学习过 AI 的我来说，不得不提醒大家一句：并非所有的现代信息技术（如 AI）都是万能的，但是不学习、不掌握现代信息技术是万万不能的！

四川大学公共管理学院

博士、教授、博导

原教授委员会主席

王 谦

二〇二五年三月一日

前言

1. DeepSeek 为何如此火爆

最近几年，人工智能技术取得了很大的进展，尤其是在自然语言处理（Natural Language Processing，NLP）领域，以 ChatGPT 等为代表，越来越多的工具和平台涌现出来。然而，在全球技术竞争日益激烈的今天，许多中国企业和开发者在选择技术解决方案时，往往受到国外技术封锁的困扰，特别是在大语言模型和智能搜索引擎的应用上，许多国内企业发现自己在核心技术上存在差距，难以与国外巨头竞争。这种困境促使了一些本土技术的崛起，DeepSeek 正是其中一个典型代表。

（1）突破技术封锁，推动自主创新

DeepSeek 的火爆，首先因为它在国外技术封锁中突破了瓶颈。由于受到知识产权和数据访问的限制，国内的开发者很难直接使用许多国外的顶尖技术，包括 GPT 系列、BERT 等大规模语言模型。即便是开源版本，许多核心算法的应用仍然需要付出高昂的算力成本。DeepSeek 的出现改变了这一局面。

通过自主研发和创新，DeepSeek 成功地构建了与国外主流大模型性能相当的智能搜索引擎，且能够在本地环境下进行部署与运行。它不仅实现了与 GPT 类似的自然语言理解和生成能力，还具备更高效的数据搜索与分析功能。这样一来，国内企业在面对类似于智能客服、自动摘要、语义检索等应用时，能够使用自主可控的技术方案，减少对国外技术的依赖，从而提升了本土技术的自主性与安全性。

（2）与 ChatGPT 类似的强大能力，开源且成本低

DeepSeek 能够提供类似 ChatGPT 的强大功能，这也是其火爆的原因之一。ChatGPT 的迅猛发展让许多人看到了大模型背后的巨大潜力，但其高昂的使用成本和复杂的技术要求，使得普通企业难以承受。DeepSeek 的设计目标之一，就

是降低这些技术门槛。

DeepSeek 不仅支持与 ChatGPT 相似的自然语言理解和对话生成能力，还特别强调开源与低成本。开源意味着开发者可以自由访问和修改 DeepSeek 的核心代码，这对那些有自定义需求的企业来说无疑是一个巨大的优势。而低成本则表现在两个方面：一方面，DeepSeek 的模型训练所需的计算资源和数据成本远低于其他大模型；另一方面，DeepSeek 允许企业在本地服务器或私有云上进行部署，大幅降低了使用时的云服务费用。

这一优势使得中小型企业也能够以较低的成本搭建自己的私有大模型。这对于许多没有强大资金支持的企业来说，无疑是一个巨大的福音。比如，一家创业公司可以利用 DeepSeek 快速建立起智能客服系统，或者开发出适应自己业务需求的智能数据分析系统，而不必担心过高的技术资金的投入。

（3）适配各种行业需求，助力"AI+各行业应用"

AI 技术的应用已经深入各行各业，而行业的差异性决定了不同领域对 AI 模型的需求各不相同。无论是金融、医疗、教育、零售，还是制造业、能源等传统行业，DeepSeek 都能够灵活适配各种需求，帮助企业和团队实现智能化转型。

例如，在金融行业，DeepSeek 可以被用来构建智能风控系统，通过对海量金融数据的实时分析，预测潜在风险；在医疗领域，它能够帮助医生快速从医学文献和病例中提取关键信息，辅助临床决策；在教育行业，DeepSeek 能够为学生提供智能答疑和个性化学习推荐。无论是在高度专业化的行业，还是大众化的消费领域，DeepSeek 都能够通过定制化的模型满足行业特定的需求。

在实际应用中，DeepSeek 还支持多种行业工具的无缝集成。例如，它可以与企业现有的数据管理系统、CRM、ERP 等平台对接，帮助企业构建更加智能化的数据生态系统。这种高度的适配性，使得 DeepSeek 成为许多公司和机构进行"AI+各行业应用"的理想选择。

（4）更低的训练成本和更强的可扩展性

与国外的技术方案相比，DeepSeek 的一个显著优势就是训练成本低。一般来说，训练一个大规模语言模型需要大量的计算资源和数据，这对于大多数公司来说是一笔不小的开支。然而，DeepSeek 通过优化算法和模型架构，使得模型训练的成本大幅度降低。其高效的算法不仅可以在较低配置的硬件上运行，还能在保持高精度的同时，大幅度缩短训练和推理的时间。

这一点，对于希望搭建自己私有大模型的中小企业尤为重要。过去，只有技术大厂才能拥有训练大模型的能力，而如今，DeepSeek 的出现让更多企业能够以低成本、高效率的方式，完成大模型训练和应用开发。这不仅提升了企业的技术能力，也推动了行业创新。

2. 阅读本书，您能学到什么

本书旨在带领读者从 DeepSeek 的基础使用入门，逐步掌握其核心功能、方法和技巧，最终成为 DeepSeek 的高手，帮助用户全面提升操作效率和分析能力。全书共 7 章，涵盖了从安装配置到高级功能的各个方面，内容循序渐进，既适合初学者，也适合有一定经验的用户深入学习。

第 1 章 DeepSeek 快速上手：本章将帮助读者快速了解 DeepSeek 的基础功能，包括如何进行注册、安装以及界面解析。通过这部分内容，读者可以在最短的时间内熟悉 DeepSeek 的操作界面，开始使用这款强大的工具。

第 2 章 向 DeepSeek 提问的艺术：本章重点讲解了如何与 DeepSeek 进行高效对话，掌握提示工程的精髓。通过学习如何提出有效的问题，读者将能够更加精准地获取所需信息，提升工作和学习效率。

第 3 章 DeepSeek 让学习更轻松：本章重点讲解了 DeepSeek 协助进行高效学习的方法和技巧。DeepSeek 不仅仅是一个工具，它还可以作为学习的得力助手。无论是制订学习计划、追踪进度，还是阅读文献，DeepSeek 都能为用户提供个性化的学习方案，帮助读者高效地管理自己的学习任务。

第 4 章 DeepSeek 让办公更高效：本章将介绍如何利用 DeepSeek 提高职场效率，包括 Office 办公软件的使用、提高沟通效率、处理图片及文档等工作。DeepSeek 能够帮助用户从繁杂的工作任务中解放出来，提升整体工作效率。

第 5 章 让 DeepSeek 扮演生活娱乐助手：本章重点讲解了使用 DeepSeek 充当生活娱乐助手的方法和技巧。无论是健康管理、健身计划的制订，还是音乐与电影推荐，甚至是头脑风暴和角色扮演等娱乐活动，DeepSeek 都能为用户提供智能化的建议，丰富日常生活。

第 6 章 DeepSeek 让写作更高效：在本章，读者将学习如何利用 DeepSeek 提升文案创意、论文写作、故事创作等方面的能力。DeepSeek 能够根据用户的需求提供写作灵感、构思框架，帮助用户提高写作效率和质量。

第 7 章深度挖掘 DeepSeek 的潜力：本章深入探讨了 DeepSeek 的高级功能和应用，包括如何搭建私人知识库、理解 DeepSeek 的底层原理、实现自动化编程等技术性内容。此外，还将介绍如何本地部署 DeepSeek，实现更高效的数据处理和私有化的使用体验。通过本章的学习，读者可以充分挖掘 DeepSeek 的强大潜力，探索更加个性化和定制化的应用方式。

3. 读者对象

本书适合 DeepSeek 初学者、办公室白领、自媒体博主、教师和学生、学术研究人员、程序员等群体，以及希望通过 DeepSeek 提升工作学习效率和生活品质的读者。读者对象具体使用范围或场景见下表。

表 1　读者对象具体使用范围或场景

读 者 对 象	使用范围或场景
DeepSeek 初学者	想快速学会使用 DeepSeek 的方法和技巧的初学者
办公室白领	需要高效处理大量信息和数据的职场人士，尤其是管理者和团队负责人，想通过技术手段提升工作效率和决策水平
自媒体博主	需要管理和快速查找大量资料、灵感和研究内容，以提升创作效率
教师和学生	需要整理学习资料，制订学习计划，提升学习成绩，通过 DeepSeek 协助提升学习效率
学术研究人员	需要管理大量文献、研究数据、写作和整理论文的群体，寻找提高学术研究效率的工具
程序员	需要快速调试、查找代码和文档中的关键信息，提升编程效率和代码维护速度
法律工作者	在案件处理和法律研究中，需要高效搜索案例和法律文献，提升工作效率
企业家和创业者	想要借助 AI 工具和方法提高工作流程的效率，节省时间来专注于核心业务的发展

4. 配套资源与勘误

如果读者在阅读本书的过程中有任何疑问，请关注"源码大数据"公众号，输入遇到的问题，作者会尽快与读者进行交流及回复。

关注"源码大数据"公众号后输入"deepseek book materials"或者关注机械工业出版社计算机分社官方微信公众号"IT 有得聊"，即可获得本书配套资料、视频教程、最新 DeepSeek 研究资料等。

读者可以通过抖音、小红书、B 站、知乎、快手等自媒体搜索作者的自媒体账号"廖显东-ShirDon"，免费观看最新视频教程。

由于作者水平有限，书中难免有纰漏之处，欢迎读者通过"源码大数据"公众号或者 QQ 号 823923263 批评指正，也可添加 QQ 群（群号：550572198）互动交流，申请加入时请备注读者。

编　者

目录

03
第3章

DeepSeek 让学习更轻松

06
第6章

07

第 7 章

深度挖掘 DeepSeek 的潜力

01 第1章 DeepSeek快速上手

DeepSeek 在最近十分受欢迎，很多朋友却只知道表象，不知其根本原因，本章将为你深入解析 DeepSeek 为何能如此受欢迎的原因。同时手把手教你如何注册、认识及使用，帮助你快速掌握 DeepSeek 的使用方法，了解 DeepSeek 可以做什么以及其能力边界。

1.1 DeepSeek 为何能如此受欢迎

1.1.1 DeepSeek 简介

1. DeepSeek 概述

DeepSeek 公司的全称是杭州深度求索人工智能基础技术研究有限公司，它是一家新兴的科技公司，成立于 2023 年 7 月 17 日。DeepSeek 公司自成立以来，便以其卓越的创新能力和深厚的技术积累，迅速在人工智能领域占据了一席之地。

DeepSeek 公司专注于人工智能技术，致力于开发 AGI。其旗舰模型 DeepSeek-R1 是公司努力开发更先进模型的成果之一，这些模型能够处理复杂任务。DeepSeek 公司的 logo 如图 1-1 所示。

•图 1-1

2025 年 1 月底，DeepSeek 公司的 DeepSeek-R1 模型成为全球 AI 领域的领导者，连续多日在多个国家的下载榜单上名列前茅。DeepSeek-R1 模型特别设计用于解决 AI 开发中的多个常见挑战，例如资源管理和模型自我改进的能力。

2. DeepSeek 关键发展节点

DeepSeek 公司自成立以来，凭借不断创新和技术突破，迅速成为人工智能领域的领导者之一。DeepSeek 公司的一些关键发展节点如下：

（1）2023 年 7 月，DeepSeek 公司成立

DeepSeek 的诞生标志着一个全新的人工智能技术时代的到来，作为一家致力于人工智能领域的创新型公司，DeepSeek 的成立为未来的技术突破奠定了坚实的基础。公司成立之初，便专注于开发能为各行各业提供强大技术支持的智能模型，力图为人工智能的发展注入更多活力。

（2）2023 年 11 月 2 日，发布 DeepSeek Coder

仅成立几个月后，DeepSeek 就在 2023 年 11 月 2 日发布了其首个开源模型——DeepSeek Coder。这个大型编程任务模型专注于代码生成和理解，支持多种编程语言，旨在帮助开发者提高工作效率。无论是自动生成代码、调试，还是进行数据分析，DeepSeek Coder 都能大幅减少开发者的重复性工作，让他们可以将更多精力集中在创新和复杂问题的解决上。这一模型的发布无疑是开发者社区的一个重要利好。

（3）2023 年 11 月 29 日，推出 DeepSeek LLM 模型

在短短几周后，2023 年 11 月 29 日，DeepSeek 推出了其大语言模型——DeepSeek LLM。这一版本的模型拥有 670 亿个参数，推出了 7B 和 67B 两个版本，还推出了基于聊天的版本。这一模型使得 DeepSeek 能够与当时领先的大语言模型竞争，并受到了广泛的关注。DeepSeek LLM 不仅能理解和生成自然语言，还支持多种自然语言处理任务，如文本分析、自动摘要以及对话生成等。这个版本的发布标志着 DeepSeek 在自然语言处理领域的重要进步。

（4）2024 年 5 月 7 日，发布 DeepSeek-V2（第 2 代开源混合专家模型）

2024 年 5 月 7 日，DeepSeek 发布了 DeepSeek-V2，这是一个采用了混合专家（Mixture of Experts，MoE）架构的开源模型。DeepSeek-V2 的参数总量达到了 2360 亿，其中每次推理时仅激活其中的一部分，极大地提高了计算效率。更重要的是，DeepSeek-V2 将推理成本降至每百万 token 仅 1 元人民币左右，显著降

低了人工智能模型的使用成本，使得更多企业能够负担得起这一技术。这个版本的发布再次证明了 DeepSeek 在人工智能技术上的创新能力，并使其在全球 AI 领域的地位更加巩固。

（5）2024 年 12 月 26 日，发布 DeepSeek V3

2024 年 12 月 26 日，DeepSeek 发布了 DeepSeek V3，这款模型拥有 6710 亿个参数，并在多个关键方面进行了改进。DeepSeek V3 专注于精度训练和降低成本的重大突破，它结合了 MoE 框架和 FP8 技术，使得模型的表现达到了前所未有的高度，同时也在资源利用和成本控制上表现优异。DeepSeek V3 的发布不仅提升了模型的能力，还为企业和开发者提供了更具性价比的解决方案，进一步巩固了 DeepSeek 在全球 AI 技术领域的领先地位。

（6）2025 年 1 月 20 日，发布 DeepSeek-R1

随着技术的不断突破，2025 年 1 月 20 日，DeepSeek 发布了最新的 DeepSeek-R1 模型。这款模型专注于逻辑推理、数学推导和实时问题解决，性能与 OpenAI 的 ChatGPT o1 相当。DeepSeek-R1 的推出引起了业内的广泛关注，尤其是其通过开源形式的发布，更是激发了各方对该技术的热烈讨论。DeepSeek-R1 在数学、编码和自然语言推理等领域表现出色，其优越的性能和开放的共享模式无疑为 AI 技术的普及和发展注入了新的动力。

2025 年 1 月底，DeepSeek-R1 模型成为全球 AI 领域的领导者，连续多日在多个国家的下载榜单上名列前茅。OpenAI 的 CEO 等科技界重要人物也对 DeepSeek 的技术实力表示认可，并强调其快速发展的趋势。Meta 也成立了专门的小组来分析和研究 9DeepSeek-R1 的应用，并且基于此继续改进其他大型模型。DeepSeek 的全球关注度反映了其在 AGI 发展中的重要地位。

1.1.2 DeepSeek 的核心优势

DeepSeek 为何能如此受欢迎，因为 DeepSeek 在很多方面都取得了重大突破，其核心优势如下。

1. DeepSeek-R1 引领 AI 创新方向

DeepSeek-R1 是目前最具代表性的 AI 大语言模型之一，它凭借一系列创新技术，正在推动人工智能的极限，开辟全新的可能性。其卓越的性能源自强化学习（Reinforcement Learning，RL）和模型增强策略的有机结合。

DeepSeek-R1 采用了一种创新的强化学习方法，这种方法摒弃了传统的监督微调（Supervised Fine-tuning，SFT）方式，从而显著提高了训练效率。可以想象成一个学生，在没有老师的帮助下，通过不断地尝试和调整，逐渐掌握知识并提高自己。这种自动优化的方式，使得 DeepSeek-R1 能够在海量数据面前依然保持优异表现，尤其是在编程、自然语言理解等复杂任务中，其性能不断提升。

不仅如此，DeepSeek 还通过采用专家混合模型（Mixture of Experts，MoE）和多头注意力机制（Multi-head Attention，MLA）等技术，使得计算过程更加高效，内存占用大幅减少。可以把它比作一辆高性能跑车，既能迅速反应，又能稳定地在各种复杂环境中运行。这使得 DeepSeek 在处理各种任务时更加迅捷，同时也具备了极强的扩展能力。

2. 创新大模型的训练方法

DeepSeek 如何在庞大且复杂的数据集上取得突破性进展？这离不开精心设计的技术策略。在训练初期，DeepSeek 不会直接面对海量数据，而是首先用一个小而高质量的数据集进行训练。这就像是学生刚开始学习时，不会直接从最难的题目做起，而是先巩固基础，确保自己不会因难度过大而陷入困境。通过这种"冷启动"的方法，DeepSeek 确保了训练过程的稳定性，也为后续处理更复杂的任务奠定了坚实基础。

在训练过程中，DeepSeek 采用了多阶段训练策略，每个阶段都有不同的目标。就像跑步训练中的热身、分段跑和恢复，每个阶段的调整都非常关键，确保模型能够在逐步深入的过程中，不断提升其性能。强化学习的初步调整、批处理优化等过程一步步推进，最终保证了模型在各种实际任务中的高效表现。

3. 开放协作，共同推动技术发展

DeepSeek 不仅在技术上持续创新，还通过开源策略让全球开发者共同参与进来，推动 AI 技术的普及与发展。DeepSeek 的开源策略鼓励全球的开发者参与其中，贡献代码，打破了传统科研的壁垒。这种开放的态度使 DeepSeek 能够与世界各地的技术人才合作，不断扩大技术的边界。全球的贡献让 DeepSeek 在技术革新上走得更远，跨越了时空的界限，形成了强大的技术生态。

DeepSeek 还通过开源学术工具和大型预训练模型（如 LLaMA 和 Qwen），不断优化自己的模型。借助这些开源资源，DeepSeek 能够更快速地进步，也让其在全球 AI 发展的浪潮中始终保持领先地位。

4. 降低成本，提升价值

DeepSeek 在降低 AI 模型训练和使用成本方面取得了显著突破。与许多行业巨头相比，DeepSeek 通过优化硬件使用和简化训练过程，成功将成本降到最低。

DeepSeek 的 API 服务价格非常亲民。比如，DeepSeek-R1 的 API 服务费用仅为 OpenAI 的 3% 左右。这意味着，开发者和企业只需支付较少的费用就能使用强大的 AI 技术，推动 AI 技术的广泛应用，也让更多人能够轻松触及这一创新成果。

5. 基准测试的卓越表现

DeepSeek-R1 在多个行业基准测试中表现出色，展示了其在数学推理、编程、代码生成等领域的强大能力。通过高效的计算能力和出色的问题解决能力，DeepSeek-R1 超越了其他竞争者。

在 AIME 2024 和 MATH-500 基准测试中，DeepSeek-R1 分别取得了 79.8% 和 97.3% 的准确率，持续领跑其他模型。这些成绩不仅证明了 DeepSeek-R1 的技术实力，也进一步巩固了它在 AI 领域的领导地位。

6. 对全球 AI 行业产生深远影响

DeepSeek 不仅在国内市场产生了深远的影响，它的技术和影响力正在向全球扩展。通过不断地创新和全球化战略布局，DeepSeek 正在重新定义 AI 行业的竞争格局。

DeepSeek 的技术突破让它成为全球 AI 竞争中的重要参与者。无论是在中国，还是在美国等其他地区，DeepSeek 的影响力和技术应用都在不断扩大。通过不断突破技术瓶颈，DeepSeek 不仅推动了本地科技生态的发展，也在全球范围内引领了 AI 技术的变革。

了解到 DeepSeek 如此优秀，那让我们开始 DeepSeek 的探索之旅吧！

1.2 三分钟完成 DeepSeek 注册

1.2.1 计算机端账号注册

DeepSeek 提供多种智能服务，涵盖自然语言处理、知识问答、数据分析等多个领域。为了充分利用这些服务，首先需要访问 DeepSeek 的官方网站并注册一个账号。整个注册过程简单易懂，完成后即可访问 DeepSeek 提供的所有功能。

1. 访问官网

打开网页浏览器，输入 DeepSeek 官方网站的地址。官网通常会通过社交媒体、广告或应用商店提供链接。进入官网后，可以看到平台的详细介绍，包括其功能亮点、最新更新和用户反馈等。DeepSeek 官方网站如图 1-2 所示。

• 图 1-2

2. 进入注册页面

在官网首页，单击左侧的"开始对话"按钮，跳转到注册页面，填写注册信息。DeepSeek 官网"开始对话"按钮如图 1-3 所示。

3. 填写注册信息

在注册页面中，需要输入用户的基本信息，包括手机号和密码，选择用途。确保密码复杂且安全，可以选择包含字母、数字和符号的组合。DeepSeek 注册页面如图 1-4 所示。

• 图 1-3

• 图 1-4

4. 注册完成后，单击登录按钮，进入 DeepSeek 对话页面

手机号验证通过后，用户就能登录平台，开始使用各项功能。DeepSeek 对话页面如图 1-5 所示。

● 图　1-5

1.2.2 手机端注册

1. 下载并安装 DeepSeek App

在应用商店中搜索 DeepSeek，下载并安装应用程序。DeepSeek App 的下载地址如图 1-6 所示。

2. 打开应用并注册

安装完成后，打开 DeepSeek App，第一次会自动跳转进入登录页面。在登录页面，需要填写手机号码，单击"发送验证码"按钮发送手机号码验证，通过短信接收验证码，确保号码的有效性。DeepSeek App 注册页面如图 1-7 所示。

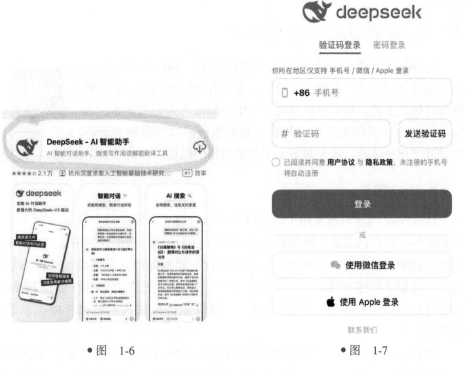

<table>
<tr><td>• 图 1-6</td><td>• 图 1-7</td></tr>
</table>

3. 完成注册,开始使用 DeepSeek

确认信息无误后,单击"登录"按钮,系统将创建账号,用户可以立即使用 DeepSeek 的服务。DeepSeek App 的对话页面如图 1-8 所示。

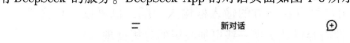

• 图　1-8

1.3 认识 DeepSeek 控制台

DeepSeek 作为一款高效的人工智能助手，其核心任务之一就是通过与用户进行自然语言对话，提供有价值的信息。其对话框设计简洁直观，用户可以在输入框中轻松输入问题或指令，而 DeepSeek 会基于强大的算法与语境理解生成响应。这种设计不仅提升了用户体验，还大幅降低了技术使用的门槛。

1. 对话框简介

DeepSeek 的对话框采用了简洁直观的设计理念，确保用户能够快速上手并流畅使用。用户只需要在对话框中输入问题、指令或任何形式的请求，DeepSeek 就能快速响应。在用户与系统的每次互动中，界面能够自动展示相关的对话内容，确保信息的连贯性和易于理解。此外，系统还允许用户进行更改和修正，无论是在对话过程中进行补充问题，还是修正已经输入的信息，操作都非常简便。

例如，当用户输入"今天的天气如何？"，DeepSeek 会迅速识别该问题并生成相应的天气信息。在回答过程中，系统会根据上下文的不同，适时调整语气、内容和详细程度，以确保给出最合适的回复。DeepSeek 的对话框如图 1-9 所示。

如图 1-9 所示，用户可以在下方的输入框输入问题，也可以上传文件，让 DeepSeek 协助处理文件内容以及实现一些更加高级的分析处理。

2. DeepSeek 回答模式

DeepSeek 分为"深度思考（R1）"和"联网搜索"两种模式，它们是两种互补的功能设计，主要区别体现在功能定位、信息时效性和适用问题类型上。

（1）功能定位

这两种模式最大的区别在于各自的"职责"不同：一个偏向基于既有知识库进行深度推理，一个则聚焦于实时信息的获取。"深度思考（R1）"和"联网搜索"两种模式的对比见表 1-1。

● 图　1-9

表　1-1

回 答 模 式	核 心 能 力	技 术 实 现
深度思考（R1）	从已知的知识与模型出发，进行多维度推理、逻辑分析和复杂问题拆解	依赖预训练模型的知识储备和算法推理能力
联网搜索	实时访问互联网获取最新信息，用于补充数据和事实查证	通过 API 调用搜索引擎或数据库等外部资源

做个形象的比喻，"深度思考（R1）"模式更像一个逻辑分析大师，可以根据已有的知识和经验，为用户提供相对"高阶"的推理过程，比如步骤清晰

的数学解题、严谨的学术性推导,以及对复杂问题的系统性分析。

"联网搜索"模式则好比一个"信息侦探",擅长从海量网络信息中搜集最新、最及时的资料,随时补充外部数据,让用户掌握当下发生了什么。

(2)信息时效性

无论是学习、研究,还是处理日常事务,信息的"新鲜程度"往往至关重要。"深度思考(R1)"模式处理具有较强理论性、逻辑性的内容(如数学推导、哲学讨论、战略分析),因为它基于模型训练数据(知识截止日期到 2023 年年底左右),可以在这些领域提供相当缜密的思考。"深度思考(R1)"模式的局限在于难以获取实时信息,如最新新闻、政策或突发事件。假如要问"今早的股市行情怎样?",它就无法回答得很准确。

"联网搜索"模式适合需要时效数据的场景,例如今日的天气、近期的股票价格,或者刚刚发生的重大事件。"联网搜索"模式的局限在于搜索结果受外部网页内容质量和可靠度影响,需要一定的辨别能力。有时候搜索到的信息既多又杂,还可能混入来源不可靠的信息,需要进一步筛选和核实。

(3)适用问题类型

面对不同类型的问题,哪种模式更"拿手"呢?"深度思考(R1)"和"联网搜索"两种模式在不同场景中的表现对比见表 1-2。

表　1-2

场　　　景	深度思考（R1）	联　网　搜　索
学术理论推导	√ 更胜一筹（多维度逻辑推理）	× 不需要实时信息时意义不大
实时事件追踪（如地震报道）	× 无法获取实时动态	√ 信息更新速度快
复杂决策分析（如商业策略）	√ 逻辑推理拆解	√ 可补充最新数据
事实核对（如名人出生日期）	×（可能只存储旧版本信息）	√ 能快速确认正确时间点

例如,如果你想了解牛顿三大运动定律背后的逻辑推导,或者需要对商业链条进行深度分析,那么"深度思考(R1)"模式会更适合。但如果你想确认某位明星刚刚在社交媒体上宣布了什么消息,"联网搜索"模式就更能派上用场。

1.4 DeepSeek 的能力边界

1.4.1 DeepSeek 可以做什么

1. DeepSeek 可以做什么

DeepSeek 具备多种实用功能，尤其擅长以下几个方面。

（1）提供信息查询和问题解答

DeepSeek 的核心能力之一是解答各种问题，从常见的知识查询到特定领域的专业问题。无论是日常生活中的小疑问，还是复杂的学术或技术问题，用户都可以通过自然语言提问，DeepSeek 会利用其强大的数据分析能力和信息检索系统，快速给出准确的回答。

例如，当你询问"什么是深度学习？"时，DeepSeek 会提供一个简洁而清晰的定义，甚至可以根据用户需求深入讲解某些技术细节。如果你进一步问："深度学习与传统机器学习的区别是什么？"，则 DeepSeek 也能在理解上下文的基础上，针对性地提供详细解答。

（2）文本生成与内容创作

除了问题解答外，DeepSeek 还能够生成高质量的文本内容。这使得它在写作、报告生成以及创意内容创作中非常有用。无论是写博客、文章，还是编写电子邮件、报告，DeepSeek 都能提供流畅、连贯的文案。

比如，当你请求"写一篇关于人工智能应用的短文"时，DeepSeek 会根据你的要求自动生成内容。用户还可以指定文章的风格或字数，DeepSeek 会尽可能根据要求调整输出。

（3）语言翻译和多语种支持

DeepSeek 拥有强大的语言翻译功能，支持多种语言之间的互译。无论是日常的文本翻译，还是技术、学术领域的复杂翻译，DeepSeek 都能准确把握语境和专业术语，提供流畅自然的翻译结果。

例如，用户询问"请把这段英文翻译成中文"，DeepSeek 会自动识别原文，并给出准确的中文翻译。此外，DeepSeek 还能在多种语言之间进行转换，帮助用户克服语言障碍，进行跨文化的交流。

（4）代码生成与编程辅助

对于开发者而言，DeepSeek 还是一个强有力的编程助手。它可以帮助用户生成代码片段，解答编程疑问，甚至提供调试建议。当用户询问如何在某种编程语言中实现特定功能时，DeepSeek 会迅速生成相应的代码，并解释代码的工作原理。

比如，用户可能会要求："请给我一个 Python 的排序算法实现"，DeepSeek 会自动生成相应的代码，甚至会解释代码的逻辑步骤，帮助开发者快速理解和应用。

2. DeepSeek 的能力边界

尽管 DeepSeek 在很多方面都表现出色，但它并非万能。在一些特定的应用场景下，DeepSeek 的能力也会受到一定限制。

（1）处理高度专业化的问题

DeepSeek 的知识库是基于广泛的公共数据和文献构建的，因此对于一些极为专业或最新的领域，它的回答可能无法与行业专家的见解匹配。例如，对于一些前沿的科研问题，DeepSeek 提供的可能是公开的基础信息，而非最新的研究成果或行业动态。

（2）情感和主观性分析

尽管 DeepSeek 能够处理一定的情感分析，但它并不具备完全的人类情感理解能力。在处理带有情感色彩的问题时，DeepSeek 的理解和反馈可能相对机械，尤其是涉及复杂的人际关系或心理学问题时，它的回答可能无法完全捕捉到用户的真实情感需求。

（3）创意与复杂判断

尽管 DeepSeek 能够生成创意文本或提供创作灵感，但在涉及高度复杂的创意判断时，机器的表现可能无法完全取代人类的直觉和经验。例如，在创作小说或艺术作品时，虽然 DeepSeek 能生成文字，但它的创意和情感深度与人类创作者相比，依然存在差距。

1.4.2 DeepSeek 生成内容的准确性问题

在使用 DeepSeek 或类似的人工智能生成工具时，内容的准确性是用户最为关注的一个问题。虽然 DeepSeek 在大多数情况下能够提供令人满意的回答和创作内容，但它的生成结果并非总是完美无误。理解 DeepSeek 生成内容的准确性问题，不仅能帮助用户更好地使用这一工具，还能避免一些常见的误解和陷阱。

1. 内容生成的基础原理

DeepSeek 基于深度学习和自然语言处理技术，在庞大的数据库和知识图谱的支持下生成内容。系统通过对大量文本数据的学习，能够根据用户的提问和上下文信息生成合理、流畅的文本。无论是回答问题、创作文章，还是进行技术解释，DeepSeek 都能根据输入信息，迅速生成符合上下文的内容。

然而，值得注意的是，DeepSeek 并非是完美无缺的"百科全书"。它的生成能力主要依赖于训练过程中获得的数据质量，以及上下文的明确性。虽然系统会尽力生成最准确的回答，但如果输入信息不够明确或存在模糊性，系统有可能会生成含糊或不完全正确的内容。

2. 准确性问题的常见来源

（1）数据源的局限性

DeepSeek 的知识库来源于公开数据和文献，但它并不具备实时更新的能力。因此，如果某些领域或问题的最新研究成果未包含在系统的训练数据中，系统生成的回答可能会滞后或者缺乏时效性。例如，用户询问"2025 年人工智能的趋势是什么?"时，DeepSeek 可能无法提供基于最新研究的趋势预测。

（2）上下文理解的局限

虽然 DeepSeek 可以理解并处理复杂的语言结构，但对于某些模糊或多义性强的问题，系统有时难以准确把握上下文。例如，当用户询问"苹果是什么?"时，DeepSeek 需要根据上下文判断是否指代"水果"还是"公司"。如果问题的上下文不清晰，系统可能会返回错误或不相关的答案。

（3）复杂问题的精确性不足

对于需要深入分析或涉及专业领域的复杂问题，DeepSeek 可能会提供一定程度的概述性答案，但如果问题涉及极其专业的知识或极为细致的技术要求，生成的内容可能存在偏差。例如，用户询问关于"量子计算的复杂性理论"的问题时，DeepSeek 可能给出一个较为简化的解释，虽然能为用户提供一个大致的框架，但其准确性和深度往往不如领域专家的回答。

3. 如何提高生成内容的准确性

尽管 DeepSeek 的内容生成能力强大，但为了尽可能提高其准确性，用户在提问时可以采取以下策略。

（1）明确且具体地提问

为了提高系统的理解和准确性，用户需要尽量明确问题，避免含糊不清的表达。例如，若问"深度学习的应用有哪些？"相比单纯提问"深度学习是什么？"会得到更加丰富和细致的回答。清晰的提问能帮助 DeepSeek 更好地把握问题的核心，从而提供更精准的答案。

（2）分步骤提出问题

对于复杂问题，最好将其分解成多个简单问题逐步提问。例如，如果你想了解某个算法的细节，可以先询问"快速排序是什么？"然后逐步提问"快速排序的时间复杂度是多少？""快速排序的优缺点有哪些？"这样可以避免一开始提问过于复杂，导致系统生成的回答过于简略。

（3）结合外部验证

对于一些极为关键的信息，尤其是学术性、专业性强的内容，用户可以通过其他途径进行验证。DeepSeek 能够提供丰富的基础知识和概述性信息，但对于高精度的需求，结合专家意见或最新文献进行验证将是一个明智的选择。

关于更多 DeepSeek 的高效使用方法和技巧，我们会在后续章节详细讲解。

02 第2章 向DeepSeek提问的艺术

2.1 提示工程的原理与技巧

2.1.1 什么是提示工程

1. 提示工程的定义

提示工程（Prompt Engineering）是一项崭新的学科，它的核心目的是通过精心设计和优化提示词，帮助用户更好地利用大语言模型在各种实际场景中发挥作用。这项技术的出现，极大地拓展了大语言模型的应用领域，无论是在日常生活中，还是在科研 工作中，掌握提示工程的技能可以帮助用户充分发挥大语言模型的潜力，并且更好地了解其优点和局限。

提示工程，简而言之，就是通过精心设计输入（提示）来引导人工智能模型生成特定的输出。如图 2-1 所示，用户先提供问题或指令，大语言模型再进行处理，最后给出模型响应。对于大多数使用自然语言处理技术的人工智能系统，输入的文本（也就是"提示"）是决定输出质量和效果的关键。提示工程的核心思想是通过精准的语言表达，使机器理解问题的含义，从而生成更为准确、相关的回答或信息。

● 图 2-1

2. 什么是提示

提示（Prompt）是用户向 AI 系统输入的指令或信息，用于引导 AI 生成特定的输出或执行特定的任务。简单来说，提示就像是与 AI 的对话语言，它可以是一个简短的问题，也可以是一个复杂的任务描述。通过这种语言，用户能够明确告诉 AI 希望它完成什么任务或生成什么样的内容。

提示的使用不仅是为了引导 AI 生成结果，还能帮助 AI 理解任务的背景和期望，从而使 AI 能够更准确地提供帮助。为了使 AI 更好地执行任务，用户需要给出清晰、明确的指令，确保 AI 理解并且高效地完成任务。

3. 提示的基本结构

提示的基本结构包括指令、上下文和期望三个部分。这三者共同作用，帮助 AI 更好地理解任务的需求和背景。

（1）指令

指令（Instruction）是提示的核心部分，明确告诉 AI 它需要执行什么任务或动作。指令应该简洁明了，直截了当地说明任务要求。

🖑 提问示例：

> 写一篇关于人工智能的短文。

以上示例中的这个指令直接告诉 AI 要执行的任务是"写一篇关于人工智能的短文"，目标清晰，内容明确。

（2）上下文

上下文（Context）为 AI 提供额外的背景信息，有助于 AI 更好地理解和执行任务。上下文可以解释任务的背景、目的或者与任务相关的额外信息，这些信息可以帮助 AI 做出更加精确和相关的输出。

🖑 提问示例：

> 人工智能正在迅速发展，已经渗透到多个行业，包括医疗、金融、教育等。请根据这个背景写一篇短文。

在以上示例中，上下文为 AI 提供了人工智能的相关背景，帮助它理解文章的重点应该集中在哪些领域，进而生成更符合背景的内容。

（3）期望

期望（Expectation）部分明确或隐含地表达了用户对 AI 输出结果的要求。期望可以是对输出格式、风格、情感色彩等方面的要求，也可以是对输出内容的质量标准。通过期望，用户能够引导 AI 生成更符合自己需求的结果。

🎙️ 提问示例：

> 希望文章内容简洁明了，避免使用复杂的技术术语，适合大众阅读。

在以上示例中，期望部分明确表示了用户希望文章简洁易懂，适合一般读者，而不是技术专家。这有助于 AI 理解生成的文章应该避免过多的行业术语和深奥的内容。

4. 提示的常见分类

（1）指令型提示

指令型提示直接告诉 AI 需要执行的任务，目标明确，内容简单直接。这类提示要求 AI 完成具体的动作或任务，通常是一些明确定义的操作或功能，比如翻译、数据处理、计算等。通过指令型提示，用户可以确保 AI 执行任务时没有歧义。

🎙️ 提问示例：

> 将以下内容翻译为中文：Hello，world。

在以上示例中，提示直接明确要求 AI 执行翻译任务，目标清晰。这种提示的优势在于简洁明了，无须多余的背景信息，AI 只需要根据输入内容完成相应的动作。

（2）问答型提示

问答型提示用于向 AI 提出问题，期望 AI 提供相关的回答或解决方案。这样的提示通常带有疑问词，如"什么""如何""为什么"等，目的是引导 AI 给出一个清晰的答案或解释。这类提示广泛应用于日常咨询、学习或解决具体问题的场景。

提问示例：

如何提高睡眠质量？

问答型提示的核心在于引导 AI 提供一个具体的解答或方案。比如在提高睡眠质量的例子中，AI 会依据健康学、心理学等相关知识提供多种方法或建议，帮助用户改善睡眠。

（3）角色扮演型提示

角色扮演型提示要求 AI 扮演特定的角色，并模拟该角色的行为或语气。通过让 AI 模拟特定角色的方式，用户能够获得具有专业性或情感色彩的回答。这种提示增强了与 AI 的交互性，特别是在需要 AI 根据某一角色的立场或背景提供意见时非常有用。

提问示例：

假装你是一位历史学家，评价 19 世纪历史发展的趋势。

通过以上示例，AI 被要求模仿历史学家的角色，评价 19 世纪的历史发展趋势。这使得 AI 的回答不仅具有专业性，还能以历史学家的角度进行分析。角色扮演型提示能够让 AI 的回答更具深度和多元化。

（4）创意型提示

创意型提示旨在引导 AI 进行创造性工作或内容生成。这类提示多用于需要生成文章、故事、诗歌等创意内容的场景，尤其是在艺术创作、文学写作等领域。这种提示常常要求 AI 根据一定的主题、场景或情节，创造出具有新意的内容。

提问示例：

为我写一篇关于秋季旅行的短文，描述沿途风景。

在以上示例中，AI 需要基于秋季旅行的主题，发挥创意描述沿途的风景，生成一篇生动、富有表现力的短文。这种提示类型不仅考验 AI 的创意能力，也要求其根据特定需求进行内容创作，带给读者感官上的体验。

（5）分析型提示

分析型提示要求 AI 对特定的信息进行分析、推理或总结。它通常应用于需要数据分析、趋势预测或复杂决策的场景。这类提示常用于商业分析、科研领域以及任何需要逻辑推理的任务。

🎙️ 提问示例：

根据以下数据，预测未来一个季度的销售趋势。

在以上示例中，AI 需要处理给定的数据，进行分析并得出结论。分析型提示要求 AI 具备推理能力，不仅要解释数据，还要进行合理的预测或推断，帮助用户做出更好的决策。

（6）多模态提示

多模态提示要求 AI 结合文本、图像、音频等多种形式的信息进行处理和生成。这类提示通常涉及不同类型的输入和输出，目的是让 AI 处理更加复杂和多样的信息类型，生成更丰富的结果。这种提示在需要综合不同信息来源的应用中显得尤为重要。

🎙️ 提问示例：

根据这张图片描述其内容，并生成一个短文。

以上示例要求 AI 不仅要理解图像中的内容，还要生成与图像相关的描述性文本。多模态提示能够让 AI 跨越不同数据维度，综合分析文本、图像等信息，生成更加全面的输出。

5. 常见提示设计技巧

（1）提示设计的基础

提示设计并非简单的问题，它涉及如何通过精确的语言结构和情境来引导人工智能系统。就像与人交流时，如何提出问题决定了对方给出的答案。在提示工程中，选择合适的词汇、句式和表达方式，可以帮助人工智能更加清晰地理解任务需求。

例如，假设需要让人工智能生成一段关于"如何提高学习效率"的文本。一个简单的提示可能是："如何提高学习效率?"但为了让机器生成更具深度的回答，可以稍微细化提示，变成："在忙碌的生活中，如何通过时间管理提高学习效率?"这样，人工智能不仅知道问题涉及效率，还知道要从时间管理的角度进行回答。

（2）细化和调整提示的技巧

在实际应用中，提示的调整通常需要反复试验。因为不同的提示可能引发不同的模型反应。有时通过微小的修改，就能得到截然不同的结果。

例如，要求人工智能推荐健康食谱。如果提示过于简单，如"推荐健康食谱"，得到的结果可能会过于笼统，无法满足个性化需求。而如果改为"推荐适合晚上吃的低卡路里健康食谱"，则能得到更符合需求的建议。通过细化提示，可以帮助人工智能生成更加精准的内容。

（3）使用上下文增强提示

有时单一的提示不足以让人工智能理解复杂的需求，这时可以通过提供上下文信息来辅助提示。上下文不仅能帮助模型更好地理解问题，还能让输出更加符合实际需求。

例如，想要人工智能帮助推荐旅游地点，如果没有上下文信息，机器可能会给出过于普遍的建议，如"北京、广州、成都"。但如果提供一些上下文，例如："我喜欢自然景点，预算不超过 5000 元，想要在春季去旅行"，那么推荐就会更具个性化，符合实际需求。

（4）明确目标和期望的输出

另一个常见的技巧是明确说明所期望的输出形式。明确告知人工智能要生成的内容类型，可以帮助它集中生成相关信息。

例如，如果想让人工智能生成一篇关于"互联网对社会的影响"的分析文章，可以通过提示"写一篇关于互联网对社会影响的分析文章，要求包含至少三个方面的讨论：经济、文化和教育"来明确输出的结构和内容。这种方式比简单的"互联网对社会的影响"要更有效。

2.1.2 常见提示技术

在过去几年里，大语言模型取得了令人瞩目的发展。像 GPT-3.5 Turbo、GPT-4、Claude 3 和 DeepSeek 这样成熟的模型，都是在海量文本数据上训练而成的，并且在训练后还进行了"指令微调"（Instruction Tuning）。通俗地讲，指令微调就好比在模型原本的"基础训练"之外，再专门给它上一门"如何更好理解人类指令"的课程。为了让大语言模型更好地理解人类指令，许多研究团队和个人提出各种提示技术，常见的提示技术如下。

1. 零样本提示

零样本提示（Zero-Shot Prompting）指的是用户在与大语言模型互动时，不给它任何具体的示例或演示，只是告诉它要做什么，它就能理解并尝试去执行。比如，我们让大语言模型实现一个"文本情感分类"的任务，只需对它说："请判断下面这句话是中性、负面还是正面"，然后给出一句话让它分析。模型只根据这个指令，就能给出相应的情感分类结果，而不需要我们预先向它展示任何范例。这种能力在以往的机器学习中几乎是难以想象的，因为传统算法通常需要大量标注数据和示例才能学会完成任务。

以下是一个"零样本"情感分析的示例：

请将以下句子按照"中性""负面"或"正面"进行分类。

句子：我觉得这次旅行还不错。

情感：

模型的回复可能是：

中性。

在以上示例中，我们事先并没有提供任何"这是正面，那是负面"的示例，模型依然能够理解"情感分析"这个概念，并输出"中性"。这就是零样本提示所展现的力量。

2. 小样本提示

当我们让大语言模型执行某个任务时，如果只提供一个简单的指令（比如"帮我做情感分类"），它可能不知道我们想要的具体格式或细节，答案就容易出错或不够精准。为了解决这个问题，我们可以给出更详细、更具体的示例来帮它"练习"，这就是小样本提示（Few-Shot Prompting）的思路。

小样本提示指的是在模型的提示中提供两个或更多相关任务的示例输入和示例输出，让模型从这些实例中学习。通过观察这些示例，模型能够更好地认识到我们希望它遵循的模式或格式，并相应地进行推理。即使样本数量不多，模型也能据此推断出某些规律，从而在实际任务中给出更加准确和一致的回答。

通俗来讲，可以把小样本提示类比成教别人做一道新题目：如果我们只告诉对方题目，却不给任何示例，则对方可能会摸不着头脑。而如果我们给出两三道类似的例题和详细解答，则对方就能更快、更准确地搞懂方法。为了帮助大家直观理解，我们来看一个基于小样本提示的情感分类示例，如下：

> 将以下文本的情绪分类为积极、消极或中性。
> **文本**：产品太糟糕了。情绪：负面。
> **文本**：超级有用，值得！情绪：积极。
> **文本**：这不起作用！情绪：

在上面这个提示中，"产品太糟糕了。"情绪被标记为"负面"。"超级有用，值得！"情绪被标记为"积极"，而"这不起作用！"则是我们希望模型去分类的新反馈。通过这两个示例，模型大致能够推断出我们的目标是对文本进行情感分类，并且需要将结果用"积极""负面"或"中性"这样的词来表达。

将该提示输入大语言模型后，可能得到的回答是：

> 消极。

这表明模型成功识别了"这不起作用！"与示例中的"产品太糟糕了。"有相似的负面情绪倾向，所以将其分为"消极"或"负面"。

3. 思路链提示

（1）什么是思路链提示

思路链提示（Chain-of-Thought Prompting，CoT）是一种提示工程技巧，用来引导大语言模型在回答问题时，先输出一系列中间推理步骤，再给出最终答案。打个比方，就像我们解数学题时，先列出已知条件，再一步步推演，最后才写出答案。思路链提示可以让模型将复杂问题拆解为多个小环节，一步步分析，更容易得出正确的解决方案。

为什么这样做会更有效呢？因为如果我们让模型一次性给出最终答案，则它可能会忽略一些细节或跳过关键的推理过程。而通过思路链提示，我们能够让模型聚焦在每一个中间步骤上，这就像给它设定了一条"解题轨迹"，不仅可以提高准确度，也能让我们更容易理解它是如何得出结论的。

（2）思路链提示的具体示例

举个简单的例子，假设我们让模型解一道应用题：

"小明有 5 个苹果，他又买了 7 个，一共买了几个苹果？"

如果只是普通的提示，则模型可能直接说："他一共有 12 个苹果。"

而如果使用"思路链提示"，我们会告诉模型先列出推理步骤，然后给出答案。模型的回答如下。

步骤 1：小明原本有 5 个苹果。

步骤 2：他又买了 7 个苹果。

步骤 3：5 + 7 = 12。

最终答案：小明一共有 12 个苹果。

表面看起来，这和直接给出答案没有太大区别。但对于更复杂的问题，比如多步运算、逻辑推断或多变量关系，先写出详细推理过程，再提供最终结果，会显著提高模型回答的准确度和可解释性。

4. 元提示

（1）什么是元提示

元提示（Meta-Prompt）是一种特殊的提示方式，要求 AI 在完成任务后反思自己的表现，并在必要时调整自己的行动策略。这就像是让 AI 在做完一件事情后，停下来想一想："我做得好吗？我能做得更好吗？"如果 AI 认为自己可以改进，那么它会在下一次交互中调整自己的"工作方式"或"说明"。

举个简单的例子，当你与 AI 进行对话时，AI 会根据你给出的提示和反馈，开始思考自己之前的表现。如果它发现某些地方没有做得足够好，则它会调整自己的方法，确保下次可以更加准确地响应你的需求。

（2）元提示的多重交互与反馈循环流程

元提示的多重交互与反馈循环流程的简要过程如下。如图 2-2 所示，从"指令"开始，经过"人工操作""辅助角色"到"AI"，再回到右侧的"反馈"环节，由此形成了一个闭环。在反馈阶段，会分别经过"反思"和"修订指令"两个步骤，然后重新回到主流程，不断迭代优化。

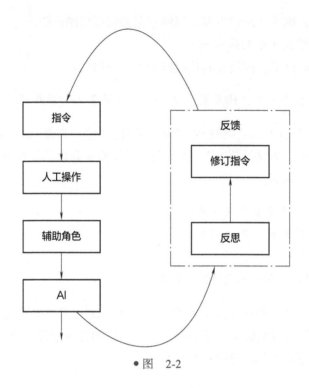

● 图 2-2

（3）元提示的具体示例

假设用户正在与 AI 进行对话，用户问：

"你能给我推荐一部好电影吗?"

AI 的初步回答是：

"推荐你看《复仇者联盟》，它是一部非常受欢迎的电影。"

接着，用户可能会提供反馈：

"我其实更喜欢科幻电影，不是超级英雄片。"

AI 根据这个反馈开始自我反思：

批评："我在推荐电影时，忽略了用户的偏好。用户更喜欢科幻电影而不是超级英雄片，这个细节我应该在第一次互动中捕捉到。"

基于这种批评，AI 会修改自己的指令，生成新的"说明"：

说明："当用户请求电影推荐时，首先要确认用户的兴趣类型（如科幻、动作、剧情等）。推荐时要根据用户的偏好调整电影类型。"

下一次，当用户再次询问电影推荐时，AI 会基于新的说明进行回应：

"你喜欢科幻电影吗？如果是，我推荐你看《星际穿越》。"

通过元提示，AI 不仅能根据用户的需求做出更准确的推荐，还能在与用户的不断互动中完善自己的表现。

5. 迭代提示

在信息检索和自然语言处理领域，许多问题并不能直接从模型中得到准确的答案，尤其是涉及多个推理步骤的复杂问题。在这时，迭代提示（Iterative Prompting）成为一种有效的方法。迭代提示的核心思想是"将复杂问题拆解为多个简单问题，逐步引导模型提供信息，最终拼接出完整的答案"。

（1）为什么需要迭代提示

预训练语言模型（Pre-trained Language Model，PLM）擅长从海量文本中生成答案，但它并不是逻辑推理的专家。在面对多层次的问题时，模型往往无法直接给出正确答案，比如：

1）问题涉及多个实体，但模型只能识别其中一部分。

2）需要先获取中间信息，再基于此信息进一步推理。

3）模型可能知道各个事实，但没有学会如何将它们连接起来。

在以上的情景中，迭代提示就能派上用场。

（2）迭代提示如何工作

迭代提示的工作方式可以类比成"顺藤摸瓜"，其核心步骤如下：

1）提出最基础的问题，获取核心信息。

2）将核心信息与原问题结合，形成新的提示，让模型进一步推理。

3）重复这个过程，直到得到最终答案。

迭代提示的精妙之处在于，每一次提示都在补全信息链，使得模型能够分步骤思考，避免因为在第一步就缺失信息而陷入困境。

例如，假设你正在写一篇关于未来城市的科幻小说，你可能会先给 AI 一个提示："这是一个高科技的城市，充满了飞行汽车。"然后，随着对话的深入，你可能会继续补充更多细节："这个城市的电力是通过可再生能源供给的，所有建筑都可以自我修复。"这样，通过逐步迭代获得的更多上下文信息，AI 可以生成更加详细和更具深度的场景描述。

需要注意的是，迭代提示应建立情境思维链，从而避免产生无关事实和幻觉。交互式情境感知和情境提示。

2.2 高效提问框架

2.2.1 STAR 框架

在与 AI（如大语言模型）进行沟通时，如果我们的表达缺乏逻辑或背景信息，则对方往往难以给出精准的回答。此时，借助 STAR（Situation、Task、Action、Refinement）框架就能有效地让对方快速抓住重点，并按照你的思路提供更符合需求的内容。STAR 框架的核心要点如图 2-3 所示。

Situation（场景）　　Task（任务）　　Action（需求）　　Refinement（优化）

● 图　2-3

1. Situation（场景）

很多人提问时容易忽略对"背景信息"的充分描述，但背景正是问题的起点。在提问时，需要考虑如下背景信息：

1）是什么样的环境、条件或趋势？

2）有哪些具体的人和事涉及其中？

3）为什么会产生这个需求？

以上这些都属于 Situation 要回答的核心问题。提问示例如下:

> 我正在运营一个宠物用品抖音账号,主要面向养猫人群和潜在铲屎官。眼看十月份到来,我计划推出一系列猫咪科普视频,以帮助新老猫主人学习更多养猫知识,同时推广店里新推出的猫用品。

在以上示例中,具体点明了运营主体(宠物用品抖音账号)、目标人群(养猫人群、潜在铲屎官),以及推出猫咪科普视频的原因(为了帮助新老猫主人、推广新产品)。这样的背景能让人一下子就知道"你是谁""你要干什么"和"你面对的目标群体是谁"。

2. Task(任务)

如果说 Situation(场景)是"我身处怎样的场景",那么 Task(任务)就是"我希望在这个场景里完成什么具体目标"。这一步的核心是要让对方清楚你究竟想要什么成果,或者达成什么样的效果。示例如下:

> 需要制作 10 月养猫知识科普视频,希望内容既有趣又通俗易懂,能够吸引更多关注,让观众在学习养猫知识的同时,也对我们的宠物用品产生兴趣。

以上示例告诉 AI,你并不是随便做一些视频,而是既要满足科普的功能性,也要拥有足够的趣味度与商业价值。当目标清晰,后续的回答就会更加贴合你真正的需求。

3. Action(需求)

明确了场景和目标后,我们需要明确 Action(需求)。明确 Action(需求)是指要告诉对方你需要什么样的"行动方案"或"具体输出"。在提问时,如果只告诉别人"我要做养猫科普视频",则往往不够直观。通过细化需求,你能够让对方给出更加准确、可操作的建议。在提问时,需要考虑如下 Action(需求)信息:

1)具体想要别人做什么?
2)需要什么类型或格式的输出?
3)有没有数量、时长或形式上的要求?
示例如下:

> 请提供 5 个创意选题,要求每个选题都能准确切中养猫新手或老手常遇到的痛点,并在每个选题后面加入对应的痛点分析。

在以上示例中，数量（5 个选题）、内容要求（痛点分析）、目标人群（养猫新手或老手）都一并交代得十分明确。AI 可以根据这些要求快速做出可行的选题方案，而不是随意给出一些与需求不匹配的内容。

4. Refinement（优化）

完成了初步需求后，很可能还需要进一步的打磨或定制化。Refinement（优化）环节能让对方知道即使给出的方案不错，也可能需要微调，以满足更细分的目标。在提问时，需要考虑如下 Refinement（优化）信息：

1）在得到基础方案后，需要加上什么细节？

2）还想在哪些方面进行强化或完善？

3）有没有特殊的形式或互动要求？

示例如下：

> 在第 3 个选题中，请额外设计一段"互动话术"，帮助视频和观众建立更紧密的互动，让大家能够在评论区或视频中积极参与讨论、分享经验。

在以上示例中，通过添加细节说明，你可以让 AI 针对单独的选题加入互动设计。例如，如何用提问或趣味小测验来引导观众留言、讨论，并在评论区分享各自的养猫经历。AI 在回答时，便会相应地提供一段或多段让人想要互动的文案或话术。

2.2.2 TASTE 框架

1. 什么是 TASTE 框架

TASTE 框架是一种用于组织和优化内容创作的结构化方法，它旨在帮助 AI 明确创作内容的关键要素，并确保创作过程中每个部分都能有清晰的目标和逻辑。TASTE 框架的核心在于让内容创作更加有条理、精准和高效。TASTE 框架的 5 个要素分别是 Task（任务）、Audience（目标受众）、Structure（结构）、Tone（语气）、Example（示例），它们的详细讲解如下。

（1）Task（任务）

Task（任务）是 TASTE 框架中的第一步，在向 AI 提问时，明确任务能帮助 AI 明确创作的目标和内容类型。在这一步，关键是要清楚地定义出需要完成的任务是什么，目标是什么。例如，写一篇关于健康饮食的文章，任务就是阐述健康饮食的重要性，并给出一些实用的建议。

🔊 提问示例：

> 写一篇关于"如何提高睡眠质量"的文章。

在以上示例中，Task（任务）的核心是"写一篇文章"，明确了创作的主题，并要求 AI 围绕"如何提高睡眠质量"展开论述，最终提供实用的解决方案。

（2）Audience（目标受众）

在明确任务之后，下一步是要考虑 Audience（目标受众）。在向 AI 提问时，需要明确目标受众。受众的年龄、背景、兴趣爱好、知识水平等都将影响内容的表达方式和呈现形式。

🔊 提问示例：

> 写一篇公众号文章，目标受众为普通职场人士，尤其是工作压力较大的年轻人，他们面临的睡眠问题较为严重。

在以上示例中，明确了目标受众为普通职场人士，因此 AI 在生成内容时就会避免过于复杂的术语，尽量使用通俗易懂的语言，并提供易于操作的建议。

（3）Structure（结构）

Structure（结构）决定了内容的组织方式和布局。它包括文章的开头、中间和结尾部分，每一部分的具体安排以及逻辑关系。在向 AI 提问时，需要明确文章是否需要分段、每一段的重点是什么，是否有小标题等。

🔊 提问示例：

> 写一篇文章，文章将分为三部分：首先介绍睡眠不足的原因；然后列举提高睡眠质量的实用方法；最后总结如何长期保持良好的睡眠习惯。

（4）Tone（语气）

Tone（语气）是内容创作中的情感表达，决定了作者与读者的互动方式。

语气可以是正式的、亲切的、幽默的、严肃的等，取决于文章的主题和受众。在向 AI 提问时，选择合适的语气有助于增强文章的吸引力和感染力。

🖱 提问示例：

> 写一篇文章，文章采用温暖、鼓励的语气，目的是让读者感受到关怀和支持。

（5）Example（示例）

示例部分帮助读者更好地理解理论内容，将抽象的概念具体化。通过具体的例子，可以让读者更容易地将所学的知识应用到实际生活中。示例要具有代表性，贴近生活，能引起读者的共鸣。在向 AI 提问时，可以提供示例，让 AI 生成示例风格的文章。

🖱 提问示例：

> 请按照如下示例写一篇关于"如何学好数学"的文章：
>
> How to Learn English Vocabulary Fast（Without Losing Your Sanity）
>
> Learning English vocabulary is like trying to eat an elephant—you have no idea where to start, and it feels impossible. But fear not! Here's a foolproof（or at least semi-useful）guide to stuffing your brain with English words without losing your mind.
>
> （1）The Magic of Mnemonics
>
> Let's face it：English words make no sense. "Dessert" has two S's because you want more of it, while "desert" has one because nobody wants to be there.
>
> The trick？Make up ridiculous connections：

以上示例中，通过向 AI 提供示例，可以帮助 AI 明确生成文章的风格。

2. TASTE 框架的应用示例

将 TASTE 框架应用于实际创作中，能够确保内容条理清晰，满足读者的需求。例如，向 AI 提问时，让 AI 写一篇关于"如何改善时间管理"的文章，按照 TASTE 框架的步骤进行，示例如下：

> 写一篇关于"如何改善时间管理"的文章，要求如下：
>
> **任务：** 帮助读者改善时间管理技能。

目标受众：面临时间管理困境的职场新人，或者需要处理多个任务的学生。

结构：文章包括时间管理的重要性、常见的时间管理错误以及几个有效的时间管理方法。

语气：采用积极、鼓励的语气，让读者感受到方法是可行且值得尝试的。

示例：举例说明一个忙碌的大学生如何通过合理规划每天的学习时间，减少拖延，提升效率。

通过以上示例中的 TASTE 框架来向 AI 提问，AI 返回的文章不仅能清晰地为读者提供有价值的内容，还能确保文章具有逻辑性和吸引力。

2.2.3　ALIGN 框架

1. 什么是 ALIGN 框架

ALIGN 框架是一个帮助人们更好地组织和规划任务的有效工具。它特别适用于在面对复杂任务时，为任务的各个要素设定清晰的方向和目标。因此，在向 AI 提问时，ALIGN 框架就非常有效。ALIGN 框架通过五个关键元素来确保任务的实现是明确、有序且可操作的。ALIGN 框架的五个要素分别是 Aim（目标）、Level（难度级别）、Input（输入）、Guidelines（指导原则）、Novelty（新颖性），它们的详细讲解如下。

（1）Aim（目标）

Aim（目标）是 ALIGN 框架中最重要的部分，它明确了任务完成后的预期成果。在向 AI 提问时，设定明确的目标能帮助任务聚焦在最重要的结果上，避免偏离方向。

提问示例：

编写一篇关于"如何提高办公效率"的文章，目标是让读者了解一些实用的方法，帮助他们减少时间浪费，提高工作效率。

以上示例的 Aim（目标）非常清晰，那就是"让读者了解一些实用的方法，帮助他们减少时间浪费，提高工作效率"。因此，任务的内容会围绕这一核心展开。

（2）Level（难度级别）

Level（难度级别）用于确定任务的复杂程度，帮助设定合理的期望值。在向 AI 提问时，通过标明任务的难度，可以决定如何在内容中使用合适的语言、术语和表达方式。例如，任务的难度如果是"入门级"，就需要尽量使用简洁明了的语言；如果是"高级"，则可以使用更专业的术语。

👆 提问示例：

> 适合大多数办公室职员阅读，不需要专业技能。

（3）Input（输入）

Input（输入）指的是完成任务所需要的资料、数据或信息。在任何任务中，是否有足够的输入资料会直接影响任务的完成质量。在向 AI 提问时，明确输入来源可以确保内容的准确性和丰富性。

👆 提问示例：

> 收集一些常见的提高办公效率的方法和技巧，例如时间管理、减少干扰、合理规划日程等。

（4）Guidelines（指导原则）

Guidelines（指导原则）是指在执行任务过程中应遵循的原则或标准。在向 AI 提问时，这些原则可以帮助确保任务的实施符合预期，不会偏离目标。通常，指导原则是针对任务过程中可能遇到的问题或挑战，提出的解决方案或标准操作程序。

👆 提问示例：

> 文章要使用简单的语言，避免使用过多的专业术语；每个技巧都需要具体说明，并提供实际应用场景。

（5）Novelty（新颖性）

Novelty（新颖性）指的是任务是否需要创新的内容或独特的视角。在向 AI 提问时，这一要素帮助确定任务是否需要提供新的见解、方法或是突破性的解决方案。新颖性有助于确保任务的完成能够带来与众不同的结果，避免只是重复已有的内容。

提问示例：

> 文章应该展示一些不常见的高效办公技巧，而不仅仅是那些众所周知的时间管理方法。

2. ALIGN 框架的应用示例

应用 ALIGN 框架时，AI 可以通过一步步明确每个要素来设计和完成任务。以撰写一篇关于"健康饮食"的文章为例：

目标：帮助读者了解健康饮食的基本概念和方法，改善饮食习惯，进而改善健康。

难度级别：适合普通大众，文章内容通俗易懂，不需要专业的营养学背景。

输入：收集和整理一些健康饮食的基本原则，例如均衡膳食、多摄入蔬菜水果、避免高糖饮食等。

指导原则：避免过于复杂的专业术语，使用简单明了的语言；提供具体的饮食建议，举例说明实际操作方法。

新颖性：文章提供一些大众不太知道的健康饮食小技巧，例如如何利用食物搭配提高营养吸收效率，或是低成本、高营养的食物推荐。

通过按照 ALIGN 框架的步骤进行规划，AI 不仅能明确任务目标，还能保证生成的内容具有实用性、易读性和新颖性。

2.3 DeepSeek 深入对话技巧

2.3.1 让 DeepSeek 记住上下文信息

在与 DeepSeek 进行对话时，如何让它记住上下文信息，以确保对话的连贯性和精确性是非常重要的。毕竟，现实中的交流并非每一句话都孤立存在，许多对话会建立在前面提到的背景之上。如果 DeepSeek 能够准确记住之前的对话内容，它便能更加灵活、智能地回应你，从而提升互动质量。

1. 如何让 DeepSeek 记住上下文信息

要让 DeepSeek 记住上下文信息，最直接的方法是通过对话中的提示和反馈来引导它。

（1）持续提供背景信息

如果你开始一个新话题或讨论某个复杂的问题，可以简单回顾一下前文的重点。比如："上次我们讨论过网络安全问题，现在我想继续探讨如何应对企业网络安全漏洞。"这种提示能够帮助 DeepSeek 关联到你之前的对话内容，从而使它能够更有针对性地继续讨论。

（2）明确复述前文内容

在对话中，如果你感到某个问题没有被充分解答，则可以通过复述前文来提醒 DeepSeek。例如："刚才你提到可以通过加密来防范黑客攻击，我想知道加密的具体方式有哪些？"

（3）分步骤提问

将一个复杂问题拆解成多个小问题，并且每个小问题之间有清晰的关联，帮助 DeepSeek 理解和记住问题的结构。举个例子，如果你在讨论一个项目的计划进展，可以按步骤提出问题："第一步我们已经完成了需求分析，现在我们要讨论设计阶段，你认为设计阶段的关键问题是什么？"

利用"引用和反问"：如果你希望在后续的对话中引用之前的内容，则可以提出"引用"请求。比如："在上一个问题中，你提到了 X 技术，现在我想了解它与 Y 技术的差异。"这种提问方式不仅能够帮助 DeepSeek 记住先前提到的内容，还能为后续的对话创造更紧密的联系。

2. 通过练习提升对话效果

要使 DeepSeek 更好地记住上下文，你也可以通过不断的练习和反馈来加强它的记忆能力。例如，在每次对话结束时，可以总结或反思之前的对话，帮助 DeepSeek 提炼出关键信息，促使它在后续对话中更好地利用这些信息。

例如，如果你在讨论技术架构，那么初期提到的框架和设计模式可能会影响后续的讨论。你可以在下一次对话开始时简要复述这些信息，并询问如何根据新的需求进行调整："上次我们选择了微服务架构，现在有了新的业务需求，应该如何调整架构？"

2.3.2 如何让 DeepSeek 的回答更符合预期

在使用 DeepSeek 时，用户往往希望得到更精确、更符合预期的回答。然而，由于自然语言处理的复杂性，并不能保证人工智能系统每次都能完全理解用户的意图或提供完美的答案。因此，如何优化提问、明确需求，从而使 DeepSeek 的回答更符合预期，是使用过程中需要注意的重要方面。

1. 明确表达问题

要获得更准确的答案，首先要确保问题本身表达得清晰、明确。模棱或不具体的问题可能会导致系统给出模棱两可的答案。尽量避免使用含糊不清的措辞，尤其是在涉及专业领域的问题时。

例如，如果你询问"如何学习编程？"DeepSeek 可能会给出一个大致的答案，列出一些学习编程的通用建议，但如果你能具体说明编程语言或学习目标，答案就会更具针对性。

改进后的提问可以是："如何学习 Java 编程？我目前已经掌握了基本的语法，想提高面向对象的编程能力。"

2. 提供充分的背景信息

DeepSeek 在回答问题时，会参考上下文进行判断。因此，提供足够的背景信息，尤其是在涉及复杂或多轮对话的情况下，能够帮助系统更好地理解用户的需求。

例如，如果你正在讨论某个技术项目的具体问题，在提问时可以简要描述项目的背景、涉及的技术栈以及你目前遇到的难题。

提问时可以说："我在用 Java 开发一个 Web 应用，遇到了一些关于数据库连接池的配置问题，请帮我解决。"

3. 分步提问

对于复杂的问题，建议将问题拆分成多个小问题逐步提问，而不是一次性提出一个过于宽泛的问题。这种分步提问的方式不仅能让你获得更详细、更有深度的答案，还能避免因为信息量过大导致系统的回答变得模糊或不完全。

例如，如果你正在进行项目管理方面的咨询，而项目的细节较多，可能需要逐步提问。首先，可以问："项目中如何设定合理的时间线？"然后，在得到回答后，再接着询问："如何评估团队成员的任务负载？"

4. 使用清晰的语言和结构

使用简单、易懂的语言描述问题，可以让 DeepSeek 更容易理解用户的意图。在表达问题时，尽量避免过于复杂的句子结构，保持语句简洁清晰。系统对问题的理解直接影响最终的回答质量。

例如，问题"能告诉我关于机器学习的一些内容吗？"会得到一个较为笼统的回答，而如果用户具体地询问"机器学习的分类有哪些？请简要介绍监督学习和非监督学习的区别。"

5. 提供反馈

当 DeepSeek 的回答偏离预期时，及时提供反馈可以帮助改进未来的回答。在回答不满意时，用户可以简单说明答案不符合要求或需要更多的细节。通过这种方式，系统能够调整其理解和生成答案的方式，从而提高准确性。

例如，如果系统给出的回答不够深入，用户可以告诉它："这个回答有些表面，能否提供更多的例子？"或者"你提到的解释有点难理解，能不能简化一下？"

6. 调整回答风格

如果用户希望得到不同风格的答案，DeepSeek 也可以根据用户的需求调整回应的形式。例如，用户可以要求系统提供简洁的总结，或者请求详细地分析与解释。通过这种方式，用户可以获得与需求匹配的答案。

例如，如果用户询问："如何学习 Python？"

用户可以根据需要指定回答风格："请给我一个简洁的学习路线图。"或者"请详细描述如何从基础学起，逐步掌握 Python。"

2.4 DeepSeek 复杂问题的拆解技巧

2.4.1 递进式提问让 DeepSeek 更精准

当面对复杂问题时，我们常常不知道从哪里入手。这时，递进式提问可以成为一种非常有效的策略。通过逐步提问，不仅能帮助你更清晰地理解问题的各个方面，还能让 DeepSeek 提供更加精准和具体的答案。

1. 什么是递进式提问

递进式提问，顾名思义，就是从简单的问题开始，逐步向更复杂、更具体的问题过渡。这种提问方式有助于清晰地理顺问题的层次结构，避免一开始就被复杂的细节所困扰。就像是爬楼梯，你可以一步步向上走，每次只关注一个台阶，最终就能达到目标。

2. 递进式提问的核心原理

递进式提问的关键在于分步推进，而不是一次性地问出所有问题。每次问一个具体的问题，基于前一个回答不断向下挖掘。这种方法的好处在于，能让你在对话过程中逐渐掌握更多信息，避免因信息过载而导致混乱。

例如，假设你在与 DeepSeek 探讨如何提高工作效率，则可以按照如下方式进行递进式提问。

第 1 步提问：

> 如何提高工作效率？

第 2 步提问：

> 提高工作效率的关键因素有哪些？

第 3 步提问：

> 你能详细讲讲如何通过"时间管理"提高工作效率吗？

第 4 步提问：

> 在时间管理中，如何分配优先级任务能更有效率？

通过以上这种递进式的提问方式，你不仅获得了关于提高工作效率的总体建议，还能深入了解某一具体方法的细节。每个问题都是建立在前一个问题的基础上的，这样的信息结构能让对话变得更有条理，且回答更为精准。

2.4.2 DeepSeek 如何辅助逻辑推理

面对复杂的决策或问题时，逻辑推理是帮助我们厘清思路的关键工具。在和 DeepSeek 进行对话时，你不仅能获得信息和解答，还可以借助它进行深入的逻辑推理，帮助你从不同角度分析问题，得出合理的结论。

1. 什么是逻辑推理

逻辑推理是指通过已知的信息，按照一定的规则和结构，得出新的结论的过程。它像是搭建一座桥梁，每一块砖石都需要符合一定的规律，才能最终安全地到达对岸。在日常生活中，我们经常用逻辑推理来解决问题。例如，若我们知道"所有鸟类都会飞"，并且又知道"企鹅是鸟类"，那么我们可以推理出"企鹅会飞"——当然这只是一个简单例子，但在复杂问题中，推理会涉及更多层次和步骤。

2. DeepSeek 如何辅助逻辑推理

当你与 DeepSeek 对话时，你可以利用它来帮助自己逐步进行推理。DeepSeek 能够分析问题中的各个细节，帮助你厘清已知和未知的信息，并按照逻辑推演出可行的解决方案。通过与 DeepSeek 进行互动，你不仅可以得到直观的答案，还能学到如何从根本上分析问题。

3. 使用 DeepSeek 进行逻辑推理的示例

假设你正在处理一个复杂的商业决策，想知道是否应该推出一款新产品。在这个过程中，你需要考虑市场需求、成本、竞争对手和潜在风险等多个因素。直接给出一个结论可能很困难，但如果你利用递进式的逻辑推理，可以一步步清晰地得出结论。

（1）确认已知信息

你可以先向 DeepSeek 提出一些基础问题，列出已知的信息。例如："目前市场上类似的产品有哪些？它们的表现如何？"DeepSeek 会根据现有的数据和趋势，帮助你整理这些信息，为后续推理奠定基础。

（2）明确假设和目标

接下来，你可以询问一些假设性问题，比如："如果我们推出新产品，市场需求可能会怎样变化？"DeepSeek 会帮助你分析市场趋势，结合已有数据和预测模型，推测潜在的需求变化。

（3）逐步推演可能的结果

然后，你可以向 DeepSeek 提问："如果需求增长，我们该如何调整生产和分销策略？是否能够在成本范围内保持盈利？"通过逐步提问，DeepSeek 会为你提供可能的解决方案，帮助你看到不同假设下的结果，并进一步推理出最终决策。

（4）得出结论

最后，通过这些递进式的提问和推理，你可以整合信息并得出一个合理的结论："基于目前的市场趋势和成本预估，我们可以推测新产品可能会获得成功，但需要在分销渠道上进行优化。"

4. 如何优化与 DeepSeek 的推理过程

为了让 DeepSeek 的推理更加精准，用户可以遵循以下几点建议。

（1）逐步明确问题范围

不要一开始就向 DeepSeek 提出过于复杂的问题，应该先明确问题的范围，逐步深入。例如，先了解市场需求，再考虑成本，最后再分析竞争对手。

（2）保持逻辑一致性

在提问时，确保每一步的推理都是建立在前一步的基础上的。避免跳跃式的提问，否则可能会导致推理失误。

（3）提供足够的信息

DeepSeek 的推理质量和你提供的信息量成正比。如果你能提供更多的背景信息和数据，DeepSeek 就能够更好地分析和推理。

（4）利用多轮对话

深入的逻辑推理往往需要多轮对话来逐步完善。通过与 DeepSeek 多次互动，你可以逐步推敲问题，修正假设，直到得到最佳的解决方案。

2.4.3 让 DeepSeek 帮助你拆解复杂问题

面对复杂问题时，往往会感到信息庞杂、逻辑混乱、不知从何下手。许多情况下，问题并非无法解决，而是缺乏系统化的思考方式。如果能将问题拆解为更小的部分，并建立合理的逻辑框架，便能更清晰地找到答案。DeepSeek 具备强大的分析能力，
能够帮助梳理思路，将问题层层拆解，使复杂问题变得更易理解和解决。

1. 复杂问题为何需要拆解

在日常生活和工作中，经常会遇到看似难以处理的复杂问题。比如，"如何提高学习效率""怎样在职场中脱颖而出"或者"如何规划一项长期投资"。这些问题涉及多个层面，如果试图直接寻找一个完整的答案，往往会被海量的信

息淹没，最终陷入困惑。

一个有效的策略是将问题拆解成更小的部分，使其变得可控。拆解的过程就像剥洋葱，每一层都揭示出更本质的内容，直到问题变得清晰可解。DeepSeek擅长这种拆解方式，可以帮助你整理思路，找到核心问题，并提供系统化的分析。

2. 复杂问题的拆解思路

拆解复杂问题可以遵循一定的方法论，使分析过程更具条理性。以下是几种常见的拆解方式。

（1）层次分解法

先从问题的整体结构入手，将其拆分为不同的层级。例如，想要提高学习效率，可以从时间管理、学习方法、心理状态三个方面入手，每个方面再进一步细化，比如时间管理可以分为计划制订、执行监督、复盘调整，这样问题便形成了一个清晰的层次结构。

（2）因果分析法

许多复杂问题往往是由多个因素相互作用而产生的。例如，"为什么工作效率低？"可能涉及任务优先级不清、注意力分散、缺乏动力等因素。DeepSeek可以帮助分析不同因素之间的因果关系，找到真正的关键问题，而不是停留在表面现象。

（3）对比分析法

通过比较不同的情况，找出关键变量。例如，想要优化一项市场推广策略，可以比较成功案例与失败案例，分析二者在目标受众、推广渠道、内容风格上的差异，从而总结出最有效的策略。

（4）时间序列法

本方法适用于分析发展过程中的问题，比如企业如何实现长期增长。可以按照初创期、发展期、成熟期的时间顺序，拆解每个阶段的关键任务和挑战，使整个问题形成连贯的逻辑链条。

3. DeepSeek 如何帮助拆解复杂问题

当我们面对一个复杂的问题时，常常会感到困惑，因为它看起来既庞大又难以解决。这时，可以借助 DeepSeek 将大问题拆解成更小、更易处理的部分，这样就会使问题变得更加清晰。这个技巧不仅能帮助你更清晰地思考，还能让你一步步找到解决方案。

如图 2-4 所示，关于复杂问题的拆解方法，结合向 DeepSeek 提问的主要步骤如下。

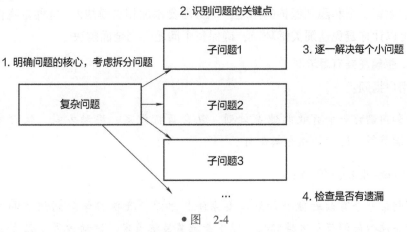

• 图 2-4

（1）明确问题的核心，考虑拆分问题

首先，你需要把问题的核心梳理清楚。比如，你面临一个项目的开发任务，但不知道如何开始。你可以先问 DeepSeek："我现在需要做一个项目的开发任务，但我不确定如何着手。可以帮助我拆解一下这个任务吗？"DeepSeek 会帮助你明确问题的核心，可能会将问题拆解成多个小部分，如需求分析、技术选型、系统架构设计、开发计划等。

（2）识别问题的关键点

接下来，DeepSeek 可以帮助你识别每个小问题的关键点。例如，在技术选型上，它可能会问你："这个项目的核心功能是什么？是否需要支持高并发？你对技术栈有哪些要求？"这些问题能帮助你明确哪些技术方案更符合你的需求，避免无谓的选择困难。

（3）逐一解决每个小问题

当大问题被拆解成小问题后，你可以逐一攻克它们。例如，如果你已经决定了技术栈和架构设计，接下来可以让 DeepSeek 帮助你处理每个模块的开发细节。你可以问："对于前端开发，我应该从哪里入手？是否需要使用框架？如果使用框架，React 和 Vue 哪个更合适？"通过这样的对话，DeepSeek 会根据你的需求逐一给出建议和指导，帮助你逐步推进项目的实施。

（4）检查是否有遗漏

在解决了每个小问题之后，DeepSeek 还可以帮助你检查是否有遗漏的环节。例如，它可能提醒你："你已经处理了需求分析、技术选型和架构设计，但还没有考虑数据安全和隐私保护的问题，是否需要添加相关模块？"这种自我检查的过程可以让你避免遗漏关键环节，确保整个问题得到全面解决。

4. 拆解复杂问题示例

用户提问：

如何制订一个有效的健身计划，包含目标设定、运动方式、饮食管理、心理调节等，进行详细分析制订。

DeepSeek 的回答如下：

制订一个有效的健身计划需要系统性思维，既要科学规划训练和饮食，也要关注心理调节与可持续性。以下是涵盖目标设定、运动方式、饮食管理、心理调节四个维度的详细方案：

一、目标设定：从模糊到可执行

1. 目标分类

体能目标（如：3 个月内完成 10 次标准引体向上）

体型目标（如：6 个月体脂率从 25% 降至 18%）

健康目标（如：改善久坐导致的腰背疼痛）

……

用户继续在与 DeepSeek 的原对话中提问：

一、目标设定：从模糊到可执行的详细方案

DeepSeek 的回答如下：

一、目标设定：从模糊到可执行的详细方案

1. 明确目标类型：避免"假大空"

体能目标：

示例：

初级： 3 个月内完成 5 次标准俯卧撑

进阶：半年内深蹲重量达到 1 倍体重（如体重 60kg 则深蹲 60kg）

关键指标：最大重复次数（RM）、耐力时长（如平板支撑 2 分钟）、心肺能力（如 5 公里跑进 30 分钟）。

体型目标：

示例：

减脂：体脂率从 28% 降至 22%（女性）或 20% 降至 15%（男性）

增肌：臂围增加 3cm，背阔肌明显分离度

关键指标：体脂率、围度（腰围、臀围等）、InBody 体测数据。

……

在以上示例中，通过深入和 DeepSeek 多次对话，先把健身计划拆分成多个小问题，再逐一解决每个小问题，整个健身计划的核心逻辑变得一目了然，最后结合自身实际进行修改，就更容易制订出更好的、更详细的执行方案。

3.1 让 DeepSeek 帮你制订学习计划

3.1.1 DeepSeek 如何帮助设定目标

在漫长的学习旅程中，设定明确的目标如同为航行指明灯塔。借助 DeepSeek，能够协助你制定清晰、可行的学习目标，助力有效学习。

1. 高效提问方式

（1）明确告知 DeepSeek 你的学习需求

首先，明确学习需求至关重要。DeepSeek 通过分析学习者的兴趣、当前知识水平和未来规划，帮助厘清学习动机。例如，对于希望掌握 Python 编程的初学者，DeepSeek 会评估其现有编程基础，明确需要重点突破的领域。

🖱️ 提问示例：

> 我是 Python 编程的初学者，请帮我制定学习目标。

（2）让 DeepSeek 分解目标，将总体目标拆解为阶段性任务

将宏大的学习目标分解为可管理的小任务，有助于逐步实现。DeepSeek 可以将总体目标拆解为阶段性任务，并为每个任务设定时间节点。例如，对于希望阅读经典文学作品的读者，DeepSeek 会建议先从短篇小说开始，逐步过渡到长篇作品，每周阅读一篇，并在两个月内完成指定书目。

🖐 提问示例：

　　我是想阅读经典文学作品的读者，请为我制定目标，大目标拆解为各种小目标。

（3）让 DeepSeek 提供学习资源与方法

　　针对不同的学习目标，DeepSeek 能够推荐合适的学习资源和方法。例如，对于想要学习摄影的爱好者，DeepSeek 可能推荐在线课程、实用书籍以及实践练习，帮助学习者全面掌握摄影技巧。

🖐 提问示例：

　　我是摄影的爱好者，请为我制定学习目标，提供学习资源与方法。

2. DeepSeek 提问示例

用户提问：

　　我是想阅读经典文学作品的读者，请为我制定目标，大目标拆解为各种小目标。

DeepSeek 回答：

　　好的！阅读经典文学作品需要循序渐进，既要保持兴趣，又要深入理解。以下是一个系统化的目标拆解计划，将大目标分解为可执行的小目标，并附上资源推荐和阅读技巧：

终极目标：

　　用 1~2 年时间，系统阅读 30 部以上经典文学作品，涵盖不同时代、文化背景和文学流派，并培养深度阅读与批判性思维能力。

阶段一：建立阅读基础（1~3 个月）

小目标：培养习惯 + 入门经典

设定每日阅读时间

每天 30 分钟固定阅读（如睡前/通勤时段），逐步延长至 1 小时。

选择入门级经典

短篇优先：如契诃夫短篇小说、鲁迅《朝花夕拾》、海明威《老人与海》。

现代经典：加缪《局外人》、村上春树《挪威的森林》。

建立阅读记录

用笔记本或 App（如"阅读记录"）记录每日进度、金句和初步感想。

阶段二：扩展阅读广度（4~6 个月）

……

3.1.2 根据个人需求定制学习路线

在学习的旅程中，找到一条适合自己的路线至关重要。借助 DeepSeek，能够结合个人需求，量身定制高效的学习路径，助力实现学习目标。

1. 高效提问方式

（1）评估当前水平

首先，了解自身的知识储备是制定学习路线的基础。DeepSeek 通过分析学习者的现有知识结构，识别优势与不足。例如，对于希望提升英语口语能力的学习者，DeepSeek 会评估其听力、词汇量和发音等方面，明确需要加强的环节。

🎙 提问示例：

我是一名英语初学者，帮助我制定一个评估当前水平的方法。

（2）让 DeepSeek 帮助设定明确的学习目标

明确的学习目标对于学习来说至关重要。DeepSeek 协助制定具体、可衡量的目标，确保学习过程有的放矢。以学习吉他为例，DeepSeek 可能建议在三个月内掌握五首经典曲目的弹奏技巧，并每周学习一首新曲目。

🎙 提问示例：

我是一名吉他初学者，帮助我制定明确的学习目标。

（3）制订个性化学习计划

根据评估结果和设定的目标，DeepSeek 为学习者设计个性化的学习计划。这个计划会考虑学习者的时间安排、学习习惯和兴趣点。例如，对于一位全职工作的业余美术爱好者，DeepSeek 可以建议每周利用周末时间进行绘画练习，并提供适合的在线课程资源。

提问示例：

我是一名全职工作的业余美术爱好者，帮助我制订个性化学习计划。

2. DeepSeek 提问示例

用户提问：

我是一名全职工作的业余美术爱好者，帮助我制订个性化学习计划。

DeepSeek 回答：

了解你的情况后，我会为你设计一个兼顾效率与灵活性的美术学习方案。以下是分步建议：

现状诊断清单（请先自测）

每日可用时间：工作日（ ）分钟/周末（ ）小时

现有工具：手绘（铅笔/彩铅/水彩）or 数位板（品牌型号）

兴趣方向：角色设计√ 场景绘制√ 插画叙事√ 抽象表达√

薄弱环节自查：比例结构□ 光影逻辑□ 色彩搭配□ 构图张力□

阶梯式训练模块（根据每日 30~90 分钟灵活组合）

【基础熔铸阶段】（1~3 个月）

- 通勤时间：视觉笔记练习（手机速涂观察 3 个动态/场景片段）
- 午休时间：针对性微练习（周一形态概括/周三色彩捕捉/周五质感表达）
- 晚间系统课：21：00—22：00 聚焦专项突破（推荐 Proko 人体结构/Color and Light by James Gurney）

【创作实战阶段】（第 4 个月起）

……

3.1.3 让 DeepSeek 协助进行高效时间管理

现代社会中，很多人都在追求高效利用时间来完成学习或工作任务，但往往难以真正落实。DeepSeek 能够帮助你在制订学习计划的过程中提供更多思路，并帮助分配和管理可用时间，从而提升学习效率。

1. 高效提问方式

（1）可以通过 DeepSeek 进行目标锁定

许多人在学习时都有不知从何学起的困惑，或是难以找准侧重点。此时可以通过 DeepSeek 进行协助。通过 DeepSeek 协助这种方式，能够清晰知道要学的科目、考试范围与大体难度，避免盲目投入过多零碎精力。

👆 提问示例：

> 我想在三个月内通过初级会计师考试，帮我整理出一份学习目标清单。

（2）细分学习模块

锁定目标后，可以将宏大目标细分为更具体的模块。以备考初级会计师为例，科目主要包括"会计实务"和"经济法基础"。每个科目又可拆分为若干章节，比如"会计实务"分为会计基础、成本核算、财务报表等。这时候可以向 DeepSeek 提问，让 DeepSeek 帮忙细分。

👆 提问示例：

> 我想在三个月内通过初级会计师考试，帮我整理"会计实务"高频考题。

（3）梳理时间管理策略

目标和模块明确之后，正式进入时间管理环节。许多人都有持续使用番茄工作法或清单管理的经验，但往往会遇到无法长期坚持、难以根据每日紧急情况灵活调整等问题。此时，可以结合 DeepSeek 提供的学习优先级和每日空闲时间。

🔑 提问示例：

我想在三个月内通过初级会计师考试，帮我梳理时间管理策略。

2. DeepSeek 提问示例

用户提问：

我想在三个月内通过初级会计师考试，帮我梳理时间管理策略。

DeepSeek 回答：

以下是专为三个月备考初级会计师考试设计的时间管理策略，结合高效学习与科学复习，助你稳步通关：

一、整体规划：3 个月分阶段推进

阶段　时间分配　核心目标　每日学习时间

基础阶段　第 1~6 周　系统掌握教材核心知识点，理解原理　2~3 小时

强化阶段　第 7~9 周　高频考点专项突破+刷题（真题+错题）　3~4 小时

冲刺阶段　第 10~12 周　全真模拟考试+查漏补缺+背诵核心公式/分录　3~4 小时

二、具体执行方案

1. 基础阶段（第 1~6 周）：打牢地基

任务分配：

会计实务：按章节分值分配时间（如"资产"6 天、"收入费用"5 天、"负债"3 天等）。

经济法基础：同步推进，避免偏科（如增值税/个税重点突破）。

每日学习流程：

30 分钟：快速回顾前一天内容（分录、公式）。

1.5 小时：学习新章节（教材+网课），标记重难点。

30 分钟：做章节习题（选择题+判断题），整理错题本。

……

3.2 让 DeepSeek 追踪学习进度，提升学习效果

3.2.1 让 DeepSeek 记录和分析学习情况

当你想跟踪自己的学习进度、识别薄弱环节、优化学习方法时，这时候可以借助 DeepSeek 实现。精准高效的提问方式能够帮助 DeepSeek 生成清晰的学习报告，包含学习记录、阶段性分析、趋势变化和提升策略。

1. 高效提问方式

（1）明确学习目标和范围

学习目标决定了分析的重点，是否关注整体学习进度、特定技能的掌握情况，还是针对考试准备的阶段性评估。目标可以是提高考试成绩、掌握新技能、优化学习方法等。需要指定学习范围，如编程、数学、语言学习等，以便生成针对性的分析。

用户可以自己上传关于自己的学习情况的文件或者通过拍摄学习情况的照片，然后向 DeepSeek 提问，示例问题如下：

请分析上传的文件，根据过去 3 个月的学习进度，重点关注数学和编程的提升情况，并提供改进建议。

（2）记录学习时间和内容

学习情况的跟踪需要记录学习时间、学习内容和练习情况。可以让 DeepSeek 生成结构化的学习日志。帮助用户关注学习时间（每日、每周、每月）。记录学习内容，如完成的章节、练习的题目、掌握的知识点等。

提问示例：

请分析上传的文件，为过去一周生成一份学习日志，记录每天学习的科目、时间以及完成的任务。

（3）识别薄弱环节

分析学习情况的重点之一是找出不足之处，并提供改进建议。在向 DeepSeek 提问时需要明确希望分析的科目或技能点。明确想分析的学习内容，如"高等数学的积分部分"或"C++的数据结构"。

提问示例：

请分析上传的文件，分析最近一个月的数学学习情况，找出错误率较高的知识点，并给出具体的改进策略。

（4）生成学习趋势分析

学习情况的变化趋势可以帮助识别学习效率是否提高，并调整学习方法。在向 DeepSeek 提问时可以要求分析学习进步情况。

提问示例：

请分析上传的文件，分析过去三个月的英语学习情况，包括词汇量增长、阅读理解正确率趋势，并提供数据可视化分析。

2. DeepSeek 提问示例

用户提问：

我要考英语四级，怎么复习和追踪学习情况。

DeepSeek 回答：

以下是针对英语四级考试的 3 个月高效复习计划及学习追踪方案，结合科学备考策略和可操作工具，帮你系统攻克四级：

一、考试核心认知

题型与分值（710 分制，合格线 425 分）

听力（35%，249 分）：短新闻+长对话+篇章

阅读（35%，249 分）：选词填空+段落匹配+仔细阅读

写作与翻译（30%，212 分）：应用文写作+汉译英

关键提分逻辑：

听力+阅读占总分70%，优先突破

写作翻译短期可速成模板，后期冲刺

二、三阶段复习计划

第一阶段： 基础筑基（第1~4周）

核心目标： 词汇量突破+听力敏感度训练

每日任务清单：

词汇： 用艾宾浩斯记忆法背《四级高频词800》（每天50词，百词斩 APP+纸质词卡）

听力： 精听1篇真题对话（用五步精听法：盲听→逐句听写→对照原文→ 跟读→复述）

阅读： 仔细完成1篇阅读真题（限时10分钟，用"题干关键词定位法"） ……

3.2.2 让 DeepSeek 推荐最适合的学习资源

如果想快速匹配自己的学习目标、当前水平和学习方式偏 好，可以借助 DeepSeek 来实现。精准高效的提问方式能够帮助 DeepSeek 生成符合个人需求的学习资源，包括在线课程、书籍、 论文、工具、练习题库等。

1. 高效提问方式

（1）明确学习内容

学习内容的范围决定了推荐的资源方向，需要精确指定学习的科目、技能 或领域。在向 DeepSeek 提问时，需要指定学习领域，如"机器学习""前端开 发""市场营销"等。同时需要细化具体的知识点，如"线性代数中的矩阵运 算"或"Vue.js 组件开发"。

🖐 提问示例：

请推荐适合初学者的 Python 编程学习资源，包括基础教程、在线课程和 练习网站。

（2）设定学习目标和水平

不同学习目标和水平需要不同的学习资源，在向 DeepSeek 提问时，需要明确当前的学习水平以及想要达到的目标。在向 DeepSeek 提问时，明确当前水平（如入门、进阶、专家级），同时需要指定目标（如考试准备、技能提升、研究深入）。

🖱 提问示例：

　　请推荐适合准备 GRE 数学考试的资源，包括教材、在线练习题和解题技巧网站。

（3）指定资源类型

不同的学习者对资源类型的偏好不同，在向 DeepSeek 提问时，可以指定希望获取的资源类型，如书籍、视频课程、练习网站、研究论文等。

🖱 提问示例：

　　请推荐适合自学的 Python 数据分析资源，包括在线课程、实战练习网站和高质量书籍。

（4）结合学习风格和时间安排

不同学习者有不同的学习偏好和时间安排，在向 DeepSeek 提问时，可以指定是否更适合短期冲刺还是长期积累。

🖱 提问示例：

　　请推荐一份 4 周 Java 速成学习计划，包括每天的学习任务、推荐课程和练习题。

（5）推荐特定考试或认证的学习资源

对于需要备考的学习者，在向 DeepSeek 提问时，可以精准指定考试类型，以获得更匹配的学习资源，如模拟试题、官方教材、考点解析等。

🖐 提问示例：

请推荐适合准备会计师资格认证考试的学习资源，包括官方指南、在线课程和模拟测试题。

（6）提供个性化推荐

如果希望获取个性化的学习资源，在向 DeepSeek 提问时，可以提供个人背景信息，如专业、已有经验等，以便 DeepSeek 提供更精准的建议。

🖐 提问示例：

我是计算机专业本科生，已有基础的 Python 和数学知识，请推荐适合 AI 领域进阶学习的书籍。

2. DeepSeek 提问示例

用户提问：

我要考英语四级，阅读理解是我的短板，怎么补充？

DeepSeek 回答：

备考英语四级阅读理解，需要从词汇积累、长难句分析、阅读技巧、真题训练四大方面系统提升。以下是具体建议，帮你高效突破短板：

一、词汇基础：快速扫清阅读障碍

1. 高频核心词汇优先：四级阅读中约 70% 的重复词汇来自高频词（如：analyze，consequence，significant 等）。建议用《四级高频词汇表》或 App（如：百词斩、墨墨背单词）每天背 50~80 词，重点掌握动词、形容词、副词。

技巧：背单词时结合例句，注意一词多义（如：address＝解决，fine＝罚款）。

真题词汇积累：每做完一篇阅读，整理生词并标注在真题中的含义（如：原文中"yield"指"产量"而非"屈服"）。建立专属生词本，定期复习。

……

二、长难句突破：精准抓取关键信息

1. 拆解句子结构：长难句核心公式：主干（主谓宾）+修饰成分（从句/分词/介词短语）。例：* The study（主），published in Nature（分词修饰），

reveals（谓）that...（宾语从句）.＊先找主干，再分析修饰部分。

2. 每日精析3~5句：从真题中挑选复杂句，用不同符号标记主谓宾、从句等（如：下画线主干，括号从句）。坚持一周，阅读速度会显著提升。

三、阅读技巧：高效解题策略

1. 题型分类攻破 - 选词填空：先标选项词性（v./n./adj./adv.），再根据空格前后判断词性+语义。- 段落匹配（快速阅读）：先读题干画关键词（人名、数字、专有名词），回原文扫读定位。- 仔细阅读：先读题干（不读选项），带着问题找答案，注意同义替换（如：原文用"decline"，选项可能用"drop"）。

时间分配 -总时长40分钟，建议：-选词填空：7分钟 -段落匹配：15分钟 -仔细阅读：18分钟 - 限时训练：用手机计时，逐步压缩做题时间。

……

3.2.3　让 DeepSeek 制订高效复习计划

很多人在学习的后期阶段都会关注如何安排复习，避免临时抱佛脚或陷入盲目刷题的状态，这时候 DeepSeek 可以派上用场。让 DeepSeek 制订高效复习计划，通过追踪学习进度和个人薄弱环节，帮助制订更高效的复习计划，以便稳步提升成绩或技能水平。

1. 高效提问方式

（1）明确复习科目和内容

复习计划的制订取决于所学科目及知识范围。在向 DeepSeek 提问时，需要具体说明复习的科目（如"数学""计算机网络"）和知识点（如"概率论中的贝叶斯定理"或"操作系统的进程调度"），以确保复习计划针对性强，避免过于笼统。

提问示例：

请制订一份高等数学的复习计划，重点包括极限、导数和积分，时间跨度为两个月，每周有10小时复习时间。

（2）指定复习目标和考试时间

不同的目标会影响复习计划的安排，如是否为了应对考试、提高技能，还是查漏补缺。在向 DeepSeek 提问时，若是备考，还需提供考试时间，以便合理规划复习进度。

🖱 提问示例：

请制订一份 6 周的复习计划，以准备 GRE 数学考试，重点提升解题速度和公式记忆。

（3）设定复习时长和时间安排

不同学习者的复习时间安排不同，在向 DeepSeek 提问时，可以明确每天或每周可用的复习时间，确保计划符合实际可执行性。

🖱 提问示例：

请制订一份 4 周的 Python 复习计划，每天可用 2 小时，重点回顾数据结构、算法和面向对象编程。

（4）确定复习方法和策略

不同的科目适合不同的复习方法，如刷题、总结笔记、知识点串讲、实践训练等。在向 DeepSeek 提问时，可以明确希望采用的复习方式，以匹配学习习惯。

🖱 提问示例：

请制订一份考研计算机复习计划，采用刷题+总结笔记的方式，每天 3 小时，重点复习数据结构、计算机组成原理和计算机网络。

（5）加入阶段性测试和评估

为了确保复习效果，在向 DeepSeek 提问时，可以包含阶段性测试和评估要求，以便检测复习成果并调整计划。

🖱 提问示例：

请制订一份 3 周的英语复习计划，包括词汇、阅读、听力和写作训练，并在每周安排一次自测，模拟雅思考试。

（6）针对弱项强化复习

如果已经掌握部分内容，而某些知识点较为薄弱，在向 DeepSeek 提问时，可指定重点复习的薄弱环节，以优化学习效率。

🔍 提问示例：

请制订一份数学复习计划，重点补强概率统计和线性代数部分，每周 8 小时，采用刷题和习题总结的方式。

2. DeepSeek 提问示例

用户提问：

请制订一份 3 周的英语复习计划，包括词汇、阅读、听力和写作训练，并在每周安排一次自测，模拟雅思考试。

DeepSeek 回答：

以下是针对雅思考试的 3 周强化复习计划，每天学习时间建议 2~3 小时（周末可适当延长），包含科学的内容循环和渐进式训练：

第 1 周：基础巩固

【词汇】

每日《雅思高频词汇》List 1~2（30 分钟）

重点记忆学术场景词（教育/科技/环境）＋同义词替换

制作单词卡记录易错词，利用零散时间复习

【阅读】

隔日完成 1 篇真题阅读（剑 10~12）

重点训练 T/F/NG 题型，练习 scanning 技巧

分析长难句结构，整理文章逻辑框架

【听力】

每日 Section1 专项训练（电话号码/地址拼写）

隔日 Section3 学术讨论精听，听写关键信息

跟读模仿英音发音（BBC 6 Minute English）

【写作】

小作文：掌握动态图（线/柱）写作模板

大作文：学习 agree/disagree 题型结构

每日仿写 3 个高分句型（注意连接词使用）

第 1 周自测（周六）

完成剑 10 Test1 完整模考（严格计时）

重点分析阅读错题原因（定位失误/理解偏差）

记录写作超时部分，调整时间分配

……

3.2.4 让 DeepSeek 协助进行知识整理

许多人在学习时都会积累大量笔记、课本摘录和思维导图等，但往往分散在不同格式或平台里，导致复习时难以有效定位重点。可以让 DeepSeek 协助进行知识整理，把零散的信息统一到同一个体系中，既能追踪学习进度，也能让知识结构变得更清晰。

1. 高效提问方式

（1）明确整理的知识领域

知识整理的方向决定了最终生成的内容结构和信息组织方式。在向 DeepSeek 提问时，可以具体说明需要整理的学科或知识体系（如"数据结构与算法""中国古代文学"），也可以细化到某个主题（如"哈希表的核心概念和应用"）。

提问示例：

请整理一份《计算机网络》知识点总结，重点涵盖 TCP/IP 协议、HTTP 工作原理和网络安全。

（2）确定整理方式

在向 DeepSeek 提问时，可以确定整理方式。不同的知识整理方式适用于不同的学习需求，如提纲式、思维导图、对比表格或 FAQ 形式。

🔹 提问示例：

请按照表格形式整理"红黑树与 AVL 树的区别"，包括时间复杂度、插入/删除操作和适用场景。

（3）设定知识整理的深度和难度

在向 DeepSeek 提问时，可以设定知识整理的深度和难度。知识整理的深度可以根据学习目标调整，是适用于入门学习，还是需要进阶或专家级内容。

🔹 提问示例：

请整理一份面向初学者的"机器学习基础知识"总结，包括常见算法（线性回归、决策树、支持向量机）及其核心概念。

（4）结合知识关联性，创建层次结构

在向 DeepSeek 提问时，可以结合知识关联性，创建层次结构。知识点的整理不仅限于单独列出，还可以构建关联性，如从基础到高级，或者不同知识点之间的逻辑关系。

🔹 提问示例：

请整理一份"数据库事务"的知识结构，按照概念、ACID 特性、事务隔离级别及应用场景的层次进行归纳。

（5）结合案例或应用场景

如果希望知识点更具实践性，在向 DeepSeek 提问时，可以要求结合案例，以便更好理解其实际应用。

🔹 提问示例：

请整理一份"深度学习中的卷积神经网络（CNN）"知识点总结，并结合案例讲解其在图像识别中的应用。

（6）强调对比分析，突出不同知识点的异同

在整理相似或相关知识时，使用对比分析方式更易理解，在向 DeepSeek 提问时，可以明确要求。

提问示例：

请对比整理 "回归模型与分类模型" 的区别，包括定义、适用场景和常见算法。

2. DeepSeek 提问示例

用户提问：

请整理一份 "数据库事务" 的知识结构，按照概念、ACID 特性、事务隔离级别及应用场景的层次进行归纳。

DeepSeek 回答：

数据库事务知识结构

1. 概念

定义：

数据库事务是数据库管理系统（DBMS）中一组逻辑操作的集合，作为一个不可分割的工作单元，要么全部成功执行（提交），要么全部失败回滚到初始状态（回滚）。

核心目标：

保证数据的一致性和完整性，即使在系统故障或并发操作的情况下。

事务生命周期：

开启事务 → 执行操作 → 提交（Commit）或 回滚（Rollback）。

2. ACID 特性

特性	描述	实现机制
原子性 （Atomicity）	事务是原子的，要么全部成功，要么全部失败。	通过撤销日志（Undo Log）回滚未完成的操作。

一致性 （Consistency） 事务执行前后，数据库必须满足所有预定义的约束
（如唯一性、外键）。由应用层逻辑和数据库约束（如主键、触发器）共同保证。

隔离性 （Isolation） 并发事务之间互不干扰，避免数据不一致。通过
锁机制或多版本并发控制（MVCC）实现。

持久性 （Durability） 事务提交后，对数据的修改永久保存，即使发生
系统故障也不丢失。通过重做日志（Redo Log）恢复已提交但未写入磁盘的数据。

······

3.3 让 DeepSeek 协助阅读文献

3.3.1 让 DeepSeek 帮你总结论文内容

在科研的道路上，阅读和理解大量文献常常让人感到巨大压
力。想象一下，面对一座座知识的高山，如何才能快速攀登，获
取其中的精华？这时，可以让 DeepSeek 成为得力助手，帮助高
效地总结论文内容，让文献阅读变得轻松愉快。

1. 高效提问方式

（1）明确论文的核心主题

论文的主题决定了总结的内容重点。在向 DeepSeek 提问时，需要清晰说明
论文的研究领域（如"计算机视觉""金融风险管理"）以及具体研究方向
（如"YOLO 算法在目标检测中的应用"）。

💡 提问示例：

请总结一篇关于"Transformer 在自然语言处理中的应用"的论文，提取
其研究目标、方法、实验结果和主要结论。

（2）指定论文总结的层次结构

在向 DeepSeek 提问时，可以上传论文文档给 DeepSeek，要求 DeepSeek 指定
论文总结的层次结构。不同用途的论文总结有不同的侧重点，可以是简要概述、

详细拆解或针对某一部分的提炼。

💬 提问示例：

请对上传的这篇论文进行详细总结，包括研究背景、研究方法、实验设计、实验结果和未来研究方向。

（3）设定摘要的长度与详细程度

论文摘要可以是精炼的 100~200 字概述，也可以是更详细的长摘要，提问时需明确字数要求。

💬 提问示例：

请用不超过 150 字总结这篇论文的核心内容，突出研究目标和主要贡献。

（4）关注研究方法和实验分析

如果论文涉及实验和数据分析，提问时可以要求重点提取方法论和实验结果，以便更好地理解研究贡献。

💬 提问示例：

请总结这篇深度学习论文的研究方法，重点说明模型架构、数据集、实验设置和性能对比。

（5）对比多篇论文的核心观点

当需要对比不同论文的内容时，可以要求 DeepSeek 归纳相同研究主题下的不同方法、实验结果和结论。

💬 提问示例：

请对比三篇关于"人工智能学习在医疗数据中的应用"的论文，总结它们在模型架构、数据隐私保护和实验效果方面的异同。

（6）总结论文的创新点和贡献

如果希望总结突出论文的创新性，可以要求 DeepSeek 特别关注其贡献点，并与已有的研究进行对比。

🖱 提问示例：

请总结论文的主要创新点，并对比当前主流方法，突出其改进之处。

2. DeepSeek 提问示例

用户提问：

请对比三篇关于"人工智能学习在医疗数据中的应用"的论文，总结它们在模型架构、数据隐私保护和实验效果方面的异同。

DeepSeek 回答：

根据搜索结果中提供的 2023~2024 年医疗 AI 领域的前沿论文（主要来自网页 2），我选取了以下三篇具有代表性的研究，从模型架构、数据隐私保护和实验效果三个方面进行对比分析：

1. 模型架构对比

（1）统一医学图像预训练框架 UniMedI（浙江大学 & 微软亚洲研究院）

架构特点：提出了一种基于诊断报告作为公共语义空间的统一框架，整合了 2D 和 3D 医学图像的多模态数据，通过跨模态对齐技术解决医学数据异构化问题。其核心是通过语义空间映射，实现不同模态图像的统一表示。

创新性：突破了传统单模态模型的限制，支持 CT、MRI 等多种影像类型的联合学习。

（2）视觉——大语言模型集成系统 DeepDR-LLM（清华大学 & 上海交通大学）

架构特点：结合视觉模型（处理医学影像）与大语言模型（生成诊断建议），构建了一个面向糖尿病诊疗的集成系统。通过多模态融合技术，将眼底图像分析与临床文本推理结合，生成个性化管理方案。

创新性：首次将大语言模型与医学影像诊断结合，支持从图像识别到治疗建议的全流程决策。

（3）医学图像分割模型 M2CF-Net（华中科技大学）

架构特点：基于多分辨率与多尺度特征融合的分割网络，专注于干燥综合征的病理图像分析。通过引入注意力机制，增强对淋巴细胞聚集灶的识别能力。

创新性：针对小病灶检测难题，设计了局部特征增强模块，提升复杂病理图像的解析精度。

异同总结

相似性：三者均采用深度学习技术，且注重多模态或多尺度数据融合。

差异性：UniMedI 和 DeepDR-LLM 侧重于跨模态整合（图像+文本），而 M2CF-Net 专注于单模态（病理图像）的高精度分割。

2. 数据隐私保护对比

UniMedI：未明确提及隐私保护机制，但依赖医院提供的脱敏诊断报告和影像数据，推测采用传统的数据匿名化处理。

……

3.3.2 让 DeepSeek 提取论文关键结论和数据

在学术研究的过程中，快速理解和提取文献中的关键信息往往是最具挑战性的部分。特别是当面对大量学术论文时，如何有效地抓住论文中的结论、数据和实验结果，帮助我们节省时间并提高研究效率，成为每个研究人员亟待解决的问题。DeepSeek 可以帮助你从论文中快速提取出关键结论、数据和核心内容，从而让你更高效地整理和应用这些信息。

1. 高效提问方式

（1）明确论文的研究主题和关键结论范围

不同的论文关注的核心结论不同，提问时需要指定研究领域（如"计算机视觉""量化投资"）和需要提取的关键结论类别（如"实验结果""方法对比""影响因素"）。

💡 提问示例：

请提取论文《基于 BERT 的中文文本分类研究》的核心结论，包括实验结果、与传统方法的对比及对未来研究的影响。

（2）关注特定的实验数据和数值指标

论文中包含大量数据，精准提问可以让 DeepSeek 只提取重要指标，如准确率、召回率、损失函数值、计算效率等。

🔧 提问示例：

请提取论文《深度强化学习在无人机路径规划中的应用研究》的实验数据，包括算法收敛速度、路径优化比率和计算时间对比。

（3）对比不同实验方法的效果

如果论文包含多种实验方法，可以要求 DeepSeek 提取各方法的实验效果，并进行对比。

🔧 提问示例：

请总结论文《机器学习在医疗数据隐私保护中的应用研究》中的实验数据，提取不同隐私保护机制（如 DP-SGD 和安全聚合）的准确率和计算开销对比。

（4）重点关注论文的创新点和贡献点

如果需要提取论文的核心贡献点，可以要求 DeepSeek 归纳论文的改进部分及其实际影响。

🔧 提问示例：

请提取论文《Transformer 模型在计算机视觉中的创新应用》的主要贡献点，包括模型优化、训练速度改进和实验结果提升。

（5）结合数据和可视化信息

如果论文包含表格、图表等数据展示，可以要求 DeepSeek 归纳这些数据的关键趋势。

🔧 提问示例：

请总结论文《生成对抗网络在医学影像增强中的应用研究》的关键数据，包括 SSIM 指标、PSNR 对比和不同模型的重建误差，并归纳其变化趋势。

（6）提取论文结论部分的核心观点

论文的"结论"部分通常包含对研究成果的总结，提问时可以让 DeepSeek 聚焦此部分的信息提取。

🔍 提问示例：

请提取论文《自动驾驶决策算法的最新研究进展》的结论部分，重点总结该研究的实际应用价值和未来发展方向。

2. DeepSeek 提问示例

用户提问：

请提取论文《自动驾驶决策算法的最新研究进展》的结论部分，重点总结该研究的实际应用价值和未来发展方向。

DeepSeek 回答：

《自动驾驶决策算法的最新研究进展》的结论部分针对实际应用价值与未来方向提出以下核心观点：

1. 实际应用价值

复杂场景适应性提升

基于深度强化学习（DRL）与博弈论的混合决策模型，在交叉口博弈、无保护左转等场景中表现出更高通行效率（实测通行成功率提升 18% ~ 23%）。

模仿学习框架通过人类驾驶数据迁移，显著降低了城市密集车流中的急刹频率（减少约 30%），提升乘车舒适性。

多目标优化能力突破

分层决策架构（如风险场模型+轨迹预测）实现了安全性与通行效率的动态平衡，在高速公路合流场景中碰撞风险降低 40%，平均车速提升 15%。

边缘计算落地加速

......

3.3.3 让 DeepSeek 帮你阅读和整理文献

在学术研究的过程中，阅读和整理文献往往是最耗时的一部分。尤其是面对成堆的学术论文时，如何快速抓住重点并系统整理成有效的信息，是很多研究人员都面临的挑战。DeepSeek 能够大大提升这一过程的效率，帮助研究者更轻松地从大量的文献中提取精华。

1. 高效提问方式

（1）明确文献主题与研究领域

文献整理的核心在于聚焦某一特定研究领域，确保提取的信息具有针对性。提问时，需要指定文献的主题（如"强化学习在机器人控制中的应用"）或具体研究方向（如"基于 Transformer 的时间序列预测"）。

📑 提问示例：

请阅读并整理关于"Transformer 在自然语言处理中的应用"的最新文献，总结其主要研究方向、方法和实验结果。

（2）归纳文献的核心观点和研究趋势

当需要整理某一领域的大量文献时，可以要求 DeepSeek 归纳该领域的研究趋势、主要技术发展及关键挑战。

📑 提问示例：

请阅读 10 篇关于"机器学习在医疗数据中的应用"的文献，整理其核心研究方向、技术挑战及未来发展趋势。

（3）提取文献的研究方法和实验结果

如果关注某一领域的研究方法，提问时可以指定需要提取的方法、实验数据及关键对比结果。

🎤 提问示例：

请总结 5 篇关于"图神经网络在推荐系统中的应用"的论文，提取不同 GNN 变体的实验数据，并对比它们在 RMSE 和 HR@10 指标上的表现。

（4）比较不同文献的研究方法与优缺点

当需要比较不同研究方法时，可以要求 DeepSeek 提取各篇论文的研究方法，并分析其异同点。

🎤 提问示例：

请比较 3 篇关于"自动驾驶中的强化学习"的文献，总结不同强化学习算法（DQN、PPO、SAC）的实验效果，并分析它们的优缺点。

（5）关注特定技术创新和贡献

如果希望提取某一领域的创新点，可以让 DeepSeek 归纳各篇论文的核心贡献，并分析其影响。

🎤 提问示例：

请阅读并整理关于"机器学习在隐私保护方面的创新研究"，提取各篇论文的核心创新点及其对数据安全的提升效果。

（6）结合引用文献，建立研究脉络

在文献综述中，引用关系有助于构建研究领域的发展脉络。提问时可以要求 DeepSeek 归纳关键文献，并追踪它们的引用网络。

🎤 提问示例：

请阅读关于"Diffusion Models 在图像生成中的应用"的 10 篇核心文献，整理关键论文之间的引用关系，并总结研究演进过程。

2. DeepSeek 提问示例

用户提问：

请比较 3 篇关于"自动驾驶中的强化学习"的文献，总结不同强化学习算法（DQN、PPO、SAC）的实验效果，并分析它们的优缺点。

DeepSeek 回答：

以下是针对自动驾驶领域中 DQN、PPO、SAC 三种强化学习算法的文献对比分析与总结，结合实验效果和优缺点分析：

1. DQN（Deep Q-Network）

实验效果

训练效率：在简单场景（如车道保持、单一障碍避让）中收敛速度较快（文献 1 报告约 4~6 小时训练可达到 80% 成功率）。

稳定性：离散动作空间下表现稳定，但连续控制任务（如平滑转向）需动作离散化处理，导致策略次优（文献 2 对比实验显示连续任务成功率下降 15%~20%）。

泛化能力：对静态环境适应性强，但动态交通流中 Q 值过估计问题突出（文献 3 测试中多车交互场景的碰撞率高达 30%）。

优点

......

3.4 让 DeepSeek 充当学习小助手

3.4.1 让 DeepSeek 作为读书助手

想象一下，每次读书都能轻松总结出书中的精华，快速把重要的知识点提炼出来，而不必浪费时间在重复的细节上。这听起来像是个梦想，让 DeepSeek 作为读书助手，就能帮大家实现这一点。DeepSeek 可以通过智能算法分析书籍内容，生成精准的摘要和读书笔记，让每次阅读变得更加高效。

1. 高效提问方式

（1）明确书籍主题与核心内容

不同类别的书籍侧重点不同，提问时需指定书籍的主题（如"国学经典"

"历史哲学""商业管理"）或具体内容方向（如 "《论语》关于君子修养的核心思想"）。

⚡ 提问示例：

请总结《论语》的核心思想，重点提取孔子关于君子修养、学习态度和道德实践的论述。

（2）设定摘要的长度和详细程度

不同的摘要需求决定了内容的精炼程度，可以是 100～200 字的简要总结，也可以是更详细的长摘要。

⚡ 提问示例：

请用 150 字总结《道德经》的核心思想，重点提取老子关于"无为而治"的哲学观点。

（3）提取书中关键概念与思想体系

如果关注书籍的核心概念，可以要求 DeepSeek 提取其理论框架、哲学思想或实践方法。

⚡ 提问示例：

请总结《孙子兵法》的核心战略思想，包括"知己知彼""避实击虚"和"以谋取胜"的作战原则。

（4）对比书中观点与其他经典著作

在涉及多个学派或思想流派对比时，可以要求 DeepSeek 归纳书中的主要观点，并与其他相关经典进行比较。

⚡ 提问示例：

请总结《韩非子》的法家思想，并对比《论语》中的儒家思想，分析两者在治国理念上的不同之处。

（5）结合案例与历史应用

如果希望书籍摘要更具实践性，可以要求 DeepSeek 提取书中的历史案例，并结合实际应用。

🔘 提问示例：

请总结《资治通鉴》的核心治理思想，并结合历史案例说明其对历代帝王施政的影响。

（6）归纳书籍的核心结论与人生启示

某些书籍蕴含丰富的人生智慧，可以让 DeepSeek 提取书中的关键结论，并归纳其对个人成长的启示。

🔘 提问示例：

请总结《菜根谭》的核心思想，并提取其中关于为人处世、修身养性的智慧。

2. DeepSeek 提问示例

用户提问：

请总结《资治通鉴》的核心治理思想，并结合历史案例说明其对历代帝王施政的影响。

DeepSeek 回答：

《资治通鉴》作为司马光主持编纂的编年体通史巨著，其核心治理思想可概括为"以史为鉴、资于治道"，强调历史经验对现实政治的指导意义。其核心治理思想主要体现为以下五方面，并通过具体历史案例深刻影响了历代帝王的施政逻辑：

一、人治为本，德治优先

司马光主张"治天下在得人"，认为君主的道德品质是政治清明的根本。书中通过对比秦二世与汉文帝的治国差异，强调"德政"的重要性。如汉文帝废除肉刑、轻徭薄赋的案例，被明太祖朱元璋效仿，其在《皇明祖训》中明令继承者须"以汉文帝为法"。康熙帝更是每日命讲官讲解《资治通鉴》，将"正心诚意"作为施政纲要。

二、礼法并重，纲常立国

《资治通鉴》提出"礼法相须为用"的思想，既强调儒家伦理秩序，也注重法家制度约束。唐玄宗时期，张说参照《资治通鉴》中汉武帝"推恩令"的智慧，设计节度使制度以平衡边疆权力；明成祖朱棣则效法书中记录的北魏孝文帝改革，通过《大明律》与《性理大全》并行，实现法律与礼教的深度融合。

三、民本思想，损益适度

书中通过大量案例揭示"水能载舟，亦能覆舟"的民本逻辑。隋炀帝开凿大运河引发民变的教训，直接影响了元世祖忽必烈推行"以宽仁治国"的政策，在修建大都时采取分段缓建、役工轮换制度。清雍正帝参照《资治通鉴》中唐代两税法改革案例，推行"摊丁入亩"，减轻农民负担。

......

3.4.2 让 DeepSeek 辅助英语学习

学习英语的过程中，词汇量、语法规则和语言习惯常常让人感到困惑。如果能够找到一种方法，既能在日常生活中不断接触到英语，又能在短时间内有效提升学习效果，那无疑会让英语学习变得更加轻松。通过 DeepSeek 辅助，可以让用户在英语学习的路上事半功倍。

1. 高效提问方式

（1）明确学习目标与难点

英语学习的目标因人而异，提问时需要清晰地指定学习的方向以及当前的难点。

👆 提问示例：

我是一名本科生，想提高英语口语流利度，应该如何开始练习？
我是一名本科生，如何提升英语听力理解，特别是快速理解英语对话？

（2）设定学习进度与时间规划

提问时，考虑学习的节奏和时间分配，明确学习的时间段（如"每天 30 分钟"）和复习频率有助于制订切实可行的计划。

提问示例：

> 我是一名本科生，如何在两个月内提高英语写作水平？
> 我是一名初中生，我每天有 30 分钟时间，可以如何安排听力练习？

（3）确定学习资源类型

英语学习资源种类繁多，提问时需要指定需要的学习资源类型（如"英语学习书籍""英语听力材料""英语学习网站"）。

提问示例：

> 我是一名本科生，哪些书籍适合提高英语写作技巧？
> 我是一名本科生，有没有推荐的 APP 帮助提高英语口语？

（4）专注具体语言技能

在学习过程中，某些技能可能更为突出，提问时需指定具体的语言技能（如"词汇积累""语法掌握"）。

提问示例：

> 我是一名本科生，如何有效地积累英语词汇？
> 我是一名初中生，在英语语法中，哪些部分是非母语者最容易出错的？

（5）分析学习效果与调整策略

学习进展的监测与调整同样重要，提问时需要关注效果反馈，并寻求提高策略。

提问示例：

> 我是一名本科生，我练习英语口语已经两个月，但感觉进步不大，应该怎么调整？

我是一名高中生，如何判断自己的英语听力水平？有哪些方法可以快速提升？

2. DeepSeek 提问示例

用户提问：

我是一名初中生，我每天有 30 分钟时间，可以如何安排听力练习？

DeepSeek 回答：

你可以按照以下结构高效利用每天的 30 分钟进行听力训练，兼顾趣味性和学习效果：

每日 30 分钟听力计划（分阶训练）

1. 基础强化阶段（1~2 周）

05：00 听写训练（VOA 慢速/课本音频）

单句循环听 3 遍→默写→对照原文

重点积累连读弱读现象

2. 场景突破阶段（3~4 周）

10：00 情景对话精听（推荐 ESLPod）

早餐/问路等 6 大生活场景轮换

影子跟读法同步训练发音

……

3.4.3 让 DeepSeek 智能翻译

一个词、一个短语，甚至一句话，在不同的情境下可能会有完全不同的意思。传统的翻译工具虽然能快速给出一个翻译，但很难完全把握语境和文化差异。这时，可以使用 DeepSeek 进行协助翻译，它通过理解语境，提供更准确、贴切的翻译。

1. 高效提问方式

（1）明确语境背景

提问时要提供尽可能多的上下文信息，帮助 DeepSeek 智能翻译理解句子的实际应用场景。

🖐 提问示例：

　　在商业谈判中，我该如何用英语表达"我们需要重新讨论合同条款"？请注意对方是国际客户，应该避免太正式的语言。
　　请翻译"放松点，事情都会解决的"这个句子，语境是朋友安慰朋友的对话。

（2）指定翻译风格或语气

当翻译涉及语气和风格时，明确指出你希望的翻译风格，如正式、口语化、幽默等。

🖐 提问示例：

　　请翻译这句话为正式的商务英语："这个项目的进度需要进一步优化。"
　　翻译以下句子时，请尽量保留原句的幽默感："今天的会议真是一场灾难！"

（3）要求避免字面翻译

有时直译（字面翻译）会失去意义或不符合语境，提问时可以要求翻译时尽量自然流畅。

🖐 提问示例：

　　这句话在英语中是否有固定表达？"给我点时间，我可以处理好的。"
　　请翻译"心不在焉"为英文，避免字面翻译。

（4）明确目标语言的受众

翻译的受众群体不同，所使用的词汇和语气也会有所不同。向 DeepSeek 提供受众信息能帮助其进行更合适的翻译。

🖐 提问示例：

　　请翻译"这是你的责任"为英语，语气要适合给下属的正式批评。
　　如果是写给外国朋友的邮件，"感谢你的支持"该如何表达？

（5）提供句子与结构的相关信息

如果某些句子结构较为复杂，提前提示 DeepSeek 语法结构的特殊性，有助于其提供更精准的翻译。

🎤 提问示例：

"他把所有的精力都放在了这个项目上。"这句话中"把……放在"的结构如何翻译为英文？

"不管发生什么，我们都要坚持下去。"这句话有一些哲理性，翻译时是否能保留原句的哲理感？

通过明确语境、风格和受众，DeepSeek 能够更好地理解不同语境下的翻译需求，并提供精准的翻译结果。

2. DeepSeek 提问示例

用户提问：

请翻译"心不在焉"为英文，避免字面翻译。

DeepSeek 回答：

地道的英文翻译是："absent-minded"

这个翻译准确传达了"心不在焉"的核心含义，指精神不集中、注意力分散的状态。相比字面直译"heart not here"，"absent-minded"是英语国家常用的惯用表达，既保留了原中文成语的意境，又符合英语表达习惯。该词汇可以用于描述读书时走神、开会时发呆等日常场景中的心不在焉状态。

3.5 DeepSeek 助力学科知识学习

3.5.1 让 DeepSeek 协助语文学习

语文学习，尤其是文言文的解析和作文辅导等，一直是许多人在学习道路上迈不过的难关，这时候可以问问 DeepSeek。文言文的词汇和句式复杂，而作文则需要创造性地表达思想和情感。通过 DeepSeek 的辅助，可以大大提升学习效率，让语文学习变得更加轻松和有趣。

1. 高效提问方式

（1）明确学习目标与难点

提问时，需明确自己学习语文的目标和遇到的具体困难，帮助 DeepSeek 提供有针对性的指导。

🖱 提问示例：

> 我想提高古文理解能力，如何快速掌握《论语》的核心思想？
> 在作文写作时，我总是难以展开论点，DeepSeek 能提供哪些写作技巧？

（2）具体化文学作品或文体

给出具体的文学作品或文体，让 DeepSeek 更精准地理解需要帮助的领域。

🖱 提问示例：

> 请帮我分析《红楼梦》中贾宝玉的性格特点，并提供一些分析思路。
> 《唐诗三百首》中的"床前明月光"是什么意思？请帮我解释其中的象征意义。

（3）要求提供多角度解答

提问时可以请求从多个角度分析或解读，帮助自己全面理解。

🖱 提问示例：

> 请从作者意图、文学手法、历史背景三个角度解读《出师表》。
> 鲁迅的《呐喊》里，"故乡"这篇文章体现了哪些社会问题？

（4）结合现实生活

可以把语文学习与日常生活结合，让 DeepSeek 提出实际应用建议。

🖱 提问示例：

> 如何通过写作提高我在高考语文作文中的得分？
> 我在阅读现代诗歌时总是理解不深，DeepSeek 有什么方法能帮助我提高这方面的能力？

（5）请求写作建议与技巧

针对语文写作中的技巧或难题，提问时可以直接要求 DeepSeek 提供具体的写作建议或模板。

🔑 提问示例：

> 请帮我提供一篇关于"青春"主题的议论文写作框架。
> 我在写个人经历的作文时，如何增强文章的表现力？

（6）理解诗词或古文的文化背景

许多语文学习中的内容需要了解背后的文化背景，提问时可要求 DeepSeek 详细解读。

🔑 提问示例：

> 《离骚》中的"既替余以蕙纕兮"到底表达了怎样的情感？背景和含义是什么？
> 《史记》中的"刺客列传"有什么历史背景？它如何反映了当时的社会风气？

2. DeepSeek 提问示例

用户提问：

> 请从作者意图、文学手法、历史背景三个角度解读《出师表》。

DeepSeek 回答：

《出师表》是三国时期蜀汉丞相诸葛亮在北伐前写给后主刘禅的表文，既是一篇政治宣言，也是一篇充满情感与智慧的文学经典。以下从作者意图、文学手法和历史背景三个角度进行解读：

一、作者意图：忠诚与忧患的双重表达

劝谏君主，巩固政权

诸葛亮的核心意图是通过《出师表》劝诫刘禅继承先帝遗志，以"亲贤臣，远小人"为治国之本。文中反复强调"先帝遗德"，既是对刘备的追念，也是对刘禅的鞭策，旨在提醒后主不可懈怠朝政、辜负父辈基业。

表露北伐决心，凝聚人心

诸葛亮借《出师表》表明北伐是"报先帝而忠陛下之职分"，意在消除朝中对北伐的疑虑，同时以"鞠躬尽瘁，死而后已"的誓言凝聚蜀汉上下对复兴汉室的信念。

暗含隐忧，托付后事

文中多次提及"危急存亡之秋""不宜妄自菲薄"等语句，暗含对刘禅治国能力的担忧。诸葛亮自知北伐凶险，故以表文为政治遗嘱，为蜀汉政权留下治国纲领。

二、文学手法：理性与情感的融合

对比与反复，强化劝谏力度

……

3.5.2 让 DeepSeek 协助学习英语

在英语学习的过程中，语法和阅读理解是两大难关。很多人虽然能记住一些单词，但遇到复杂的语法结构或者长篇文章时，常常感到无从下手。这时结合 DeepSeek 协助进行分析，能够有效地帮助解决这两个问题，让英语学习不再那么困难。

1. 高效提问方式

（1）明确语法学习目标与难点

提问时明确你在语法学习上的目标或具体难点，以便 DeepSeek 提供详细的讲解或例子。

🔍 提问示例：

我正在学习英语时态的用法，但不确定什么时候该用过去完成时，能给我一些例子吗？

如何区分"which"和"that"在定语从句中的使用方式？

能解释一下虚拟语气的用法吗？特别是"if I were you"这种句型？

（2）提供具体的句子或段落

当学习阅读理解时，提问时可以提供一个具体的句子或段落，帮助 DeepSeek 分析理解问题所在。

🔊 提问示例：

这段文章中的 "he was a man of few words" 是什么意思？能解释一下 "a man of few words" 这个表达吗？

我阅读的文章里提到 "the writer uses irony to emphasize the point"，这是什么意思？能解释一下讽刺的用法吗？

请帮助我理解这段话的含义，"Despite the harsh conditions, the soldiers remained steadfast in their resolve"。

（3）提问语法规则的应用

针对语法规则的实际应用，DeepSeek 可以提供具体的例子和运用方法。

🔊 提问示例：

能解释一下如何使用条件语句来表达假设吗？比如 "If I had known..." 这种句型。

"There is no doubt that..." 这种句型是什么语法结构？可以举一些类似的例子吗？

如何使用定语从句来修饰名词？能帮我分析 "The book that I borrowed yesterday is interesting" 这句话吗？

（4）帮助理解文章结构和逻辑

当遇到长篇文章时，提问时可以要求 DeepSeek 帮助总结文章的主旨或分析段落间的逻辑关系。

🔊 提问示例：

能帮我总结这篇文章的主旨吗？"The rapid development of technology has changed the way we live, but it has also brought about challenges."

这篇文章讲了很多不同的观点，能分析一下它们之间的关系吗？

（5）针对考试题型提出问题

如果你在准备英语考试（如托福、雅思等），可以具体询问考试中常见的语法或阅读理解题型。

🔍 提问示例：

在托福阅读理解中，如何识别主旨大意题的正确答案？

雅思语法填空题中常考的知识点是什么？可以给我一些练习建议吗？

2. DeepSeek 提问示例

用户提问：

能解释一下如何使用条件语句来表达假设吗？比如"If I had known..."这种句型。

DeepSeek 回答：

条件语句（尤其是虚拟语气中的条件语句）是表达假设、与事实相反或可能性较低的场景的重要语法工具。你提到的"If I had known..."属于第三类条件语句（与过去事实相反的假设），以下是详细解释和用法：

1. 第三类条件语句的结构

If 从句（条件部分）：

使用过去完成时（had + 过去分词），表示与过去事实相反的假设。

主句（结果部分）：

使用 would/could/might + have + 过去分词，表示假设条件下过去可能发生的结果。

公式：

If + 主语 + had + 过去分词，主语 + would/could/might + have + 过去分词

例子：

If I had known you were sick, I would have visited you.

（如果我当时知道你病了，我本会去看你。→ 实际当时不知道，所以没去。）

If she had studied harder, she could have passed the exam.

（如果她当时更努力学习，她本可以通过考试。→ 实际没努力学习，所以没通过。）

2. 使用场景

……

3.5.3 让 DeepSeek 协助学习历史

历史学科，尤其是那些庞大而复杂的历史事件和人物，往往让学习者感到无从下手。面对纷繁的时间线、各种各样的历史背景和人物关系，要记住每一个细节几乎是不可能的。结合 DeepSeek，通过智能分析和知识梳理，帮助学习者更加轻松地理解和掌握历史知识。

1. 高效提问方式

（1）明确学习目标与研究范围

提问时明确自己学习唐代历史的目标，具体是想了解某一方面的内容，还是需要综合了解唐代的历史背景。

🎤 提问示例：

我正在学习唐代的政治制度，请问唐代的三省六部制度是如何运作的？

唐代的盛唐文化有哪些标志性特点，能否提供一些相关的历史事件或人物？

（2）提供具体历史事件或人物

在提问时可以明确提及某个历史事件或人物，帮助 DeepSeek 提供更为精确的历史信息。

🎤 提问示例：

请解释唐朝安史之乱的起因、过程和影响。

唐代的李白和杜甫分别有哪些代表作品，他们的诗歌风格有何不同？

（3）注重历史时期的时间节点

唐代历史跨度较大，提问时可以明确想了解的历史时期，帮助 DeepSeek 更好地缩小信息范围。

提问示例：

唐代的开元盛世与后期的藩镇割据有什么区别？
唐高宗时期的统治政策对唐代的政治局势有何影响？

（4）深入文化与社会背景

唐代是一个文化繁荣的时代，提问时可以涉及唐代的社会背景、文化成就等方面。

提问示例：

唐代的科举制度是如何影响社会阶层的流动的？
唐代的佛教和道教有什么显著的文化交融？

（5）对比

有时通过对比其他历史时期来理解唐代历史会更加直观，提问时可以提出对比的角度。

提问示例：

唐代与隋代相比，政治制度上有哪些显著变化？
唐朝与宋朝的经济发展有哪些异同，为什么唐代的经济被称为"盛唐经济"？

2. DeepSeek 提问示例

用户提问：

唐代的盛唐文化有哪些标志性特点，能否提供一些相关的历史事件或人物？

DeepSeek 回答：

唐代的盛唐文化（通常指唐玄宗开元至天宝年间，约 8 世纪中叶）是中国古代文化的巅峰之一，其标志性特点体现在诗歌、艺术、宗教、国际交流等多个领域。以下是一些核心特点及相关历史事件和人物：

一、盛唐文化的标志性特点

诗歌的黄金时代

唐诗达到巅峰，题材广泛，风格多样，涌现了李白、杜甫、王维等伟大诗人。

特点：浪漫主义与现实主义并存，语言凝练，意境深远，反映社会风貌和个人情感。

开放包容的国际性

长安成为世界性大都会，吸引波斯、阿拉伯、日本、新罗等国的使节、商人和留学生。

特点：胡汉交融（如胡乐、胡服流行），佛教、伊斯兰教、景教（基督教分支）等多元宗教共存。

艺术的全面繁荣

绘画：吴道子的"吴带当风"开创写意风格；张萱、周昉的仕女图展现贵族生活。

书法：张旭、怀素的狂草，颜真卿的楷书成为典范。

工艺：唐三彩（黄、绿、白三色陶器）盛行，造型生动，多用于随葬。

……

4.1　让 DeepSeek 帮你职场效率翻倍

在职场办公中，大量的时间常常被琐碎的任务消耗，比如整理会议纪要、撰写邮件、编写报告、优化流程、查找资料等。如果能减少这些低效的重复工作，便能将精力集中在更有价值的事务上。DeepSeek 具备强大的文本处理和智能分析能力，能够高效地协助你完成这些烦琐任务，帮助提升工作效率，让日常办公变得更加轻松顺畅。

4.1.1　让 DeepSeek 协助整理会议纪要

在会议结束后，当需要整理会议纪要时，DeepSeek 就能派上用场。让 DeepSeek 协助整理会议纪要，核心在于匹配会议纪要整理的目标、当前能力水平和整理偏好。

1. 高效提问方式

（1）明确会议纪要整理目标

在提问时，明确自己希望整理的会议纪要类型（如正式、非正式、技术性、管理性等）以及要求（如内容精简、条理清晰、格式规范等），帮助 DeepSeek 有针对性地推荐方法和工具。

🖐 提问示例：

我需要整理一份项目讨论会议纪要，如何确保内容简洁并突出重点？
如何在整理会议纪要时，确保准确捕捉会议中的决策和行动事项？

我常常难以把技术性会议内容整理成清晰易懂的纪要，有什么工具或方法推荐？

（2）明确当前的能力与经验

了解自己整理会议纪要的经验水平（初学者或有一定经验）有助于提供相应的学习资源或工具推荐。例如，如果是初学者，可能需要从基础知识和格式入手；如果已有一定经验，DeepSeek 可以提供提高效率和精准度的进阶技巧。

🖱 提问示例：

我是会议纪要的新手，如何快速掌握会议纪要的基本格式？
我已有整理会议纪要的经验，但如何提高记录决策和行动项的精准度？

（3）选择适合的工具与方法

DeepSeek 可以根据提问内容推荐具体的工具、模板或技巧，帮助提高会议纪要的整理效率。例如，推荐使用语音转写软件、云协作工具或制定个性化的模板。

🖱 提问示例：

有哪些可以帮助我高效整理会议纪要的在线工具或应用？
有没有专门的会议纪要模板可以帮助我快速完成整理工作？

（4）提供有针对性的练习或示例

在整理会议纪要时，实际操作的练习或参考示例可以帮助加深理解和提高技能。DeepSeek 可以提供模板、范文，或者针对某个特定会议类型的整理示例，帮助学习者快速上手。

🖱 提问示例：

能否提供一份技术讨论会议的纪要范文，帮助我理解如何整理复杂的专业内容？
有没有一套针对管理层会议的纪要整理示例，可以帮助我提高格式和内容的规范性？

（5）强调时间管理与优化

整理会议纪要的过程中，时间管理至关重要。DeepSeek 可以提供与时间管理相关的技巧或推荐工具，帮助提高工作效率，避免在整理过程中浪费过多时间。

🔧 提问示例：

如何在会议后迅速整理纪要并保证质量？

有没有一些技巧可以帮助我在 30 分钟内完成一份高质量的会议纪要？

2. DeepSeek 提问示例

用户提问：

整理如下会议记要：原始会议记要：

项目进度有些滞后，张三负责优化模块，预计两周内完成，李四下周五提交测试报告。

DeepSeek 回答：

整理后的会议记要：

【项目状态】

当前进度：整体项目存在延迟情况

【任务分派】

张三

负责内容：系统优化模块开发

时间节点：预计 2 周内完成

李四

负责内容：测试报告编制

时间节点：下周五前提交

（注：采用分层结构突出关键信息，使用项目符号提高可读性，明确标注责任人及其具体任务内容，时间节点单独列出便于后续跟踪）

......

4.1.2 让 DeepSeek 协助撰写邮件与日报

在职场中，邮件、通知、公文撰写频率极高，但真正需要投入思考的往往只有少部分内容。DeepSeek 能够根据简单的提示自动生成规范化的邮件、公告、申请函等，提高沟通效率。

1. 高效提问方式

（1）明确写作目标与场景

提问时，要清晰地指定邮件或日报的目标、目的及其所处的场景，以确保 DeepSeek 提供适合的模板和内容结构。

🔑 提问示例：

> 我需要撰写一封正式的商务邮件，如何开头、正文和结尾才能显得专业？
> 如何写一份简洁的日报，重点是总结当天工作和进度？

（2）明确语言风格与语气要求

不同的邮件和日报要求不同的语气和风格，提问时明确自己对语气的需求，如正式、友好、简洁等。

👆 提问示例：

> 我需要写一封感谢邮件，语气友好但不失专业感，应该如何表达？
> 如何撰写一份简明扼要的日报，确保领导能够快速了解工作进展？

（3）提供已有的内容或框架

如果已有部分邮件或日报内容，提供这些信息能够帮助 DeepSeek 更好地理解上下文，并生成符合逻辑的后续内容。

👆 提问示例：

> 这是我写的会议总结，能否帮助我优化邮件表达方式？
> 我已经列出今天的工作任务，如何将它们整理成一份简洁的日报？

（4）建议邮件和日报的常见结构

提问时可以明确要求 DeepSeek 提供标准的邮件和日报结构，帮助整理内容更加有条理。

（💬）提问示例：

请提供一份标准的商务邮件模板，包括问候、正文和结尾部分。

如何组织日报内容，确保涵盖工作进度、问题和计划？

2. DeepSeek 提问示例

用户提问：

我们计划于本周五进行系统维护，请写一个公告。

DeepSeek 回答：

系统维护通知

尊敬的各位用户：

为提升系统稳定性及服务效率，技术团队计划于本周五（［日期］）［XX：XX］至［XX：XX］进行系统例行维护升级。请提前做好工作安排，避免因维护影响您的正常使用。

维护详情

维护时间

开始时间：本周五［日期］［XX：XX］

结束时间：本周五［日期］［XX：XX］

维护内容

服务器性能优化

数据库安全补丁更新

系统功能稳定性测试

……

4.1.3 让 DeepSeek 协助生成报告与总结

月度工作汇报、年度总结、市场分析等都需要整理大量信息，这时可以使用 DeepSeek 来协助处理。DeepSeek 可以根据输入的数据和关键点，自动生成清晰的总结，提高报告撰写效率。

1. 高效提问方式

（1）明确报告或总结的目的

在提问时，清楚说明报告或总结的目的，是为展示研究成果、工作总结、项目进展，还是其他目的，以帮助 DeepSeek 定制化生成内容。

👆 提问示例：

> 请帮我写一份项目总结报告，重点突出完成的目标和取得的成效。
>
> 我需要写一份关于市场调研的报告，能提供一个结构模板吗？

（2）指定报告的结构要求

明确报告需要的具体结构和格式，如引言、方法、结果分析、结论等，以便 DeepSeek 根据需求生成详细内容。

👆 提问示例：

> 我需要一份包含引言、方法、结果分析和结论的研究报告，如何组织这些部分？
>
> 能提供一份公司年度总结报告的结构框架吗？

（3）提供具体内容或数据

如果报告或总结涉及特定的数据或事件，提前提供这些内容，使 DeepSeek 能生成具体和定制化的文本。

👆 提问示例：

> 根据以下数据，帮我撰写一份销售业绩总结报告。
>
> 请根据我提供的项目进度报告，生成一份季度总结。

（4）定义报告的语言风格

确定报告或总结的语言风格，如正式、简洁、学术化，还是更具创造性的表述，帮助 DeepSeek 调整内容的语气和用词。

🖐 提问示例：

> 帮我写一份学术型的研究报告，要求语言简洁明了。
> 我需要一份正式的公司总结报告，避免过于复杂的表达。

（5）调整报告的篇幅与详细程度

根据需求明确报告的篇幅与详细程度，是否需要深度分析或仅是概括性总结。

🖐 提问示例：

> 请生成一份约 2000 字的项目总结，突出重点。
> 帮我写一份简短的周报，重点讲解进展和下一步计划。

2. DeepSeek 提问示例

用户提问：

> 根据如下信息自动生成总结：
> 1 月销售额增长 15%，主要受节假日促销影响，客户投诉下降 20%，但物流延误仍是主要问题。

DeepSeek 回答：

> 以下是根据提供的信息生成的总结模板，包含数据关联分析与改进方向提示：
> 1 月运营数据简报
> 核心指标表现
> 销售额增长
> - 月度增幅：+15%（较上月环比）
> - 核心驱动力：元旦-春节双节促销活动拉动消费

- 策略有效性：促销转化率超基准值 30%

服务质量改善

- 客户投诉量：同比下降 20%
- 关联因素：售后响应提速至 2 小时（原 4 小时）
- 客诉类型分布：物流类占比 65%（需专项优化）

现存问题聚焦

- 物流延误率：仍维持 12%（行业均值 8%）
- 影响范围：华北/华南区域超时订单占 78%
- 用户反馈：配送时效差评环比增加 5%

后续行动计划

……

4.1.4 让 DeepSeek 协助日程管理和提醒

在日常生活中，我们常常需要进行日程管理和提醒，这时候可以使用 DeepSeek，让 DeepSeek 辅助日程管理和提醒。通过深入了解用户的需求，DeepSeek 能够为用户推荐最适合的在线工具、应用程序、技巧教程、案例分析等资源，帮助他们更高效地安排时间，优化日程并定时提醒。

1. 高效提问方式

（1）明确日程管理目标与困难

提问时明确自己需要解决的具体问题或目标，是想提高工作效率、确保不遗漏重要事项，还是希望更加灵活地安排时间。

提问示例：

> 我希望优化每天的工作计划，如何高效安排工作与休息时间？
> 我有很多会议和任务，如何设定合理的提醒和优先级？

（2）明确日程管理工具偏好

提出对工具的偏好，如使用手机应用、纸质日程本或数字化日程工具等，帮助 DeepSeek 提供有针对性的推荐。

（🖐）提问示例：

我更倾向于使用手机应用来管理日程，能推荐一些高效的日程管理工具吗？

我喜欢手写日程本，能否提供一些高效的手写日程管理技巧？

（3）根据时间管理水平提出有针对性的建议

如果用户已经具备一定的时间管理基础，提问时可以要求深入探讨如何优化现有的日程安排。

（🖐）提问示例：

我已经使用番茄工作法，但仍然常常觉得时间紧张，如何调整我的工作与休息时间？

如何通过时间分块法提高工作和生活的平衡性？

2. DeepSeek 提问示例

用户提问：

优化如下日程：

周一上午 10 点产品会议

周二下午 3 点市场部讨论会

需协调客户沟通时间，避开已排定会议

DeepSeek 回答：

以下是根据优先级与时间管理原则优化的日程方案，包含冲突规避提示与缓冲时段设计：

优化后日程安排

周一

09：30-10：30 产品会议（原 10：00 调整至黄金专注时段）

11：00-12：00 客户 A 沟通（利用会后缓冲期）

14：30-16：00 深度工作时段（无会议干扰）

周二

10：00-11：30 客户 B/C 集中沟通（抢占上午高效时段）

15：00-16：30 市场部讨论会（维持原时间，延长 30 分钟确保结论落地）

周三~周五

每日 10：00-11：00 客户沟通专属窗口（固化时段提升效率）

优化策略说明

时段分级管理

蓝色时段（高价值会议）：客户沟通/产品决策

绿色时段（执行时间）：原型设计/文档撰写

白色时段（弹性缓冲）：应急调整/跨部门协同

……

4.2 DeepSeek 让 Office 办公更轻松

4.2.1 让 DeepSeek 协助处理 Excel 数据

在日常办公中，Excel 是数据管理和分析的核心工具。无论是销售数据、财务报表，还是市场趋势分析，都需要用 Excel 进行整理、计算和可视化。然而，手动处理 Excel 数据不仅耗时，还容易出错。DeepSeek 具备强大的数据分析能力，通过向 Deep-Seek 精确提问，输入需要处理的 Excel 的数据，DeepSeek 能够自动整理表格、提取关键信息，并生成直观的分析报告，让数据处理变得更加轻松高效。

1. Excel 数据分析的常见挑战

日常办公中，数据分析的难点主要体现在以下几个方面。

（1）数据量大，手动处理耗时

一份销售报表可能包含上千行数据，逐一筛选和计算不仅费力，还容易遗漏关键信息。

（2）公式复杂，容易出错

计算利润、增长率、回报率等指标时，需要使用多个公式，稍有不慎就可能出现错误。

（3）图表制作烦琐

需要从数据中提取趋势，制作柱状图、折线图等可视化结果，而手动调整格式往往耗费大量时间。

（4）数据整理不规范

有些数据表格式混乱，缺少统一标准，手动清理会占用大量精力。

这些问题长期存在，不仅降低了工作效率，还可能影响决策的准确性。DeepSeek 可以解决这些难题，让 Excel 数据分析更加高效精准。

2. 让 DeepSeek 清理与整理数据

Excel 数据往往有多个来源，格式可能不统一，比如：

1）某些单元格缺失数据。

2）日期格式不规范。

3）重复值影响分析结果。

DeepSeek 可以自动清理数据，填补空缺，并整理为标准格式，使数据处理更加流畅。

用户提问：

整理如下原始数据（部分缺失、格式混乱）：

```
日期        | 销售额 | 成交量
-------------------------------------------
2024-01-01  | 10, 000| 50
01/02/2024  | 12, 000| 60
2024-01-03  |        | 55
2024/1/4    | 15, 000|
```

DeepSeek 回答：

以下是整理后的规范表格（缺失值用-表示）：

```
日期         | 销售额    | 成交量
-----------  | --------- | --------
2024-01-01   | 10, 000   | 50
```

```
2024-01-02 |  12, 000  |  60
2024-01-03 |    -       |  55
2024-01-04 |  15, 000  |  -
```

说明：

日期格式统一

将原始数据中的不同日期格式（如 01/02/2024、2024/1/4）统一转换为标准格式 YYYY-MM-DD，确保数据一致性。

缺失值标记

对缺失的销售额（2024-01-03）和成交量（2024-01-04）用 - 明确标识，避免歧义。

数值可读性

保留销售额中的千位分隔符（如 10,000），提升数据可读性。

补充建议：

若需进一步分析，可将缺失值替换为均值、前后值插补或通过算法预测。

将日期列设为索引，便于时间序列分析（工具如 Excel/Pandas 均可实现）。

整理后的表格可直接用于报表或导入数据库/分析工具。

……

4.2.2 让 DeepSeek 协助进行 Word 文档优化

在 Word 文档写作过程中，措辞和语法往往需要反复推敲，以确保语言得体、表达精准。使用 DeepSeek，可以帮助优化文本，使其更加流畅、正式，并符合专业领域的语言要求。在使用 DeepSeek 优化 Word 文档时，精准的提问方式能够确保 DeepSeek 返回符合预期的内容。

1. 文档优化的核心方法

在优化 Word 文档时，通常需要从以下几个方面入手。

（1）措辞调整，使表达更加自然流畅

语言表达需要顺畅，避免生硬或冗长。例如：

原句："根据最新的数据来看，我们可以发现市场需求有所增加。"

优化："最新数据表明，市场需求正在增长。"

通过简化表达，使句子更加直接有力。

（2）逻辑优化，确保前后内容连贯

段落之间的逻辑要清晰，避免跳跃。例如：

原句："公司业绩在去年有所提升。这家公司很注重创新。"

优化："公司业绩在去年有所提升，这与其对创新的重视密不可分。"

通过补充因果关系，使内容更加紧密。

（3）句式调整，提升阅读体验

长句过多可能影响可读性，适当调整句式有助于提升文章流畅度。例如：

原句："该公司在市场竞争中占据了重要地位，并且由于其卓越的技术能力，已经取得了显著的业绩。"

优化："凭借卓越的技术能力，该公司在市场竞争中占据重要地位，并取得显著业绩。"

通过优化结构，使句子更紧凑。

（4）风格调整，使语言符合文档类型

不同类型的文档需要不同的语言风格。例如，学术论文需要正式表达，而产品介绍则需要更具吸引力的措辞。

学术风格："该研究表明，在特定条件下，数据的稳定性有所提高。"

营销风格："最新研究发现，这项技术能显著提升数据稳定性，让使用体验更佳！"

2. 高效提问方式

（1）明确优化方向

例如，如果希望优化表达，使其更简练，可以这样提问：

请优化以下文档，使表达更加简练、流畅，避免冗余。

（2）指定优化侧重点

例如，希望增强专业性：

请优化以下内容，使其更符合学术论文的表达习惯，提高专业性。

若希望文档更具吸引力：

请优化以下产品介绍，使其更加生动有吸引力，提高营销效果。

(3) 指定风格调整

例如，需要调整语气以适应不同受众：

请优化以下内容，使其更正式，适合商务报告。
请优化以下内容，使其更具故事性，适合品牌宣传文案。

3. 常见提示词解析

合理使用提示词，可以更精准地控制 DeepSeek 生成的内容。常见的优化提示词及其作用见表 4-1。

表　4-1

提　示　词	作　　用
优化措辞，使语言更简练流畅	适用于表达冗长或重复的文本
提升逻辑性，使内容更具条理	适用于段落之间逻辑不清晰的情况
调整句式，使表达更加自然	适用于句子结构复杂或不够流畅的情况
增强专业性，使文本更符合正式文档风格	适用于学术、商务或技术文档
优化结构，使信息层次更加清晰	适用于段落信息堆叠、逻辑混乱的情况
调整语气，使表达更具吸引力	适用于营销、宣传类文档
优化衔接，使段落过渡更加顺畅	适用于段落之间缺乏自然连接的情况

4. DeepSeek 提问示例

用户提问：

对如下文档进行优化与措辞调整：原始文本
本公司的市场份额在过去几年有所增加，但仍然存在一些问题，比如客户流失率较高、品牌知名度不够。为了进一步提升市场竞争力，需要改善客户体验，并加大宣传力度。

DeepSeek 回答：

以下是优化后的版本，采用更具专业性和战略性的表述方式，同时强化问题解决的路径设计：

优化版本：

市场表现与发展规划

在持续巩固市场地位的过程中，我司已实现近三年复合增长率达 X% 的份额提升（数据可补充）。然而，对标行业标杆企业，当前运营仍存在两大关键挑战：

客户生命周期价值待优化：客户流失率较行业平均水平高出 15%，核心客户复购率需提升至 X% 目标值。

品牌渗透率不足：目标客群品牌认知度调研显示，首选率仅为 X%，落后头部竞品 X 个百分点。

战略升级方向：

客户体验深化：构建全渠道客户体验管理体系，通过智能 CRM 系统实现流失预警与精准挽留（试点项目预计 Q4 上线）。

品牌声量突围：启动"品牌+效果"双驱动传播计划，2024 年预算向社交媒体矩阵与场景化内容倾斜，目标 18 个月内认知度进入行业前三。

优化逻辑说明：

数据量化增强说服力：

补充增长率、行业对比值等具体指标，体现专业性与客观性。

将模糊的"较高"转化为可衡量的"较行业高 15%"。

……

4.2.3 DeepSeek+OfficeAI 自动生成 Word 文档

在快节奏的办公环境中，撰写文档往往是一项烦琐的任务，尤其是当需要反复调整格式、优化内容时，更是耗时耗力。DeepSeek+OfficeAI 的结合，让文档创建变得更加高效、智能。

1. 进入 OfficeAI 官网，下载安装包

打开官网，在浏览器地址栏输入 OfficeAI 的官方网站链接，进入其主页，如图 4-1 所示。

● 图 4-1

在图 4-1 中，单击"立即下载"按钮进入下载页面。请根据你所使用的系统版本选择对应的下载文件。

2. 本地安装 OfficeAI

例如，在 Windows 系统中，双击下载到的安装包 OfficeAI.exe 文件进行安装，双击运行后，安装窗口页面如图 4-2 所示。

阅读并选择"我同意此协议"选项，按照提示单击"下一步"按钮进行安装。安装完成后，单击"完成"按钮检查是否安装成功，如图 4-3 所示。

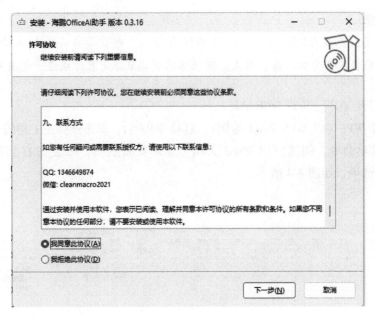

• 图 4-2

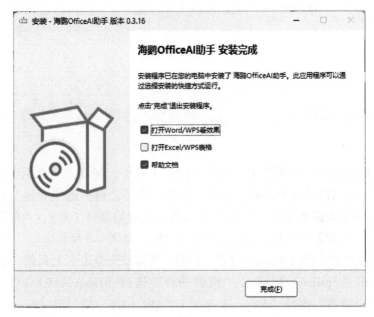

• 图 4-3

注意：

如果出现杀毒软件或安全软件的拦截提示，则需要在安全软件中允许此程序的安装或将其加入信任列表。确保你的下载来源是官方渠道，以避免风险。

3. 打开 WPS，启用 OfficeAI

打开 WPS（以 WPS Word 为例），启动 WPS 后，单击选择左上角的"文件→新建"菜单命令，创建空白 Word 文档，如果安装成功，则会在右上角会出现 OfficeAI 选项，如图 4-4 所示。

● 图 4-4

可以根据用户的实际需求，选择不同的大模型。例如，如果用户选择设置本地大模型，可以首先单击右上角的"铅笔"符号。再单击"本地"按钮设置本地 DeepSeek 大模型（DeepSeek 本地部署方法请阅读第 7 章），"框架"选择"ollama"，"模型名"选择"deepseek-r1：1.5b"，如图 4-5 所示。

如果用户选择通过 ApiKey 设置大模型，可以首先单击右上角的"铅笔"符号。再单击"ApiKey"按钮，"模型平台"选择"DeepseekR1（Deepseek 官网）"，"模型名"选择"deepseek-chat"，"API_KEY"填写 DeepSeek 开放平台的 API key，如图 4-6 所示。

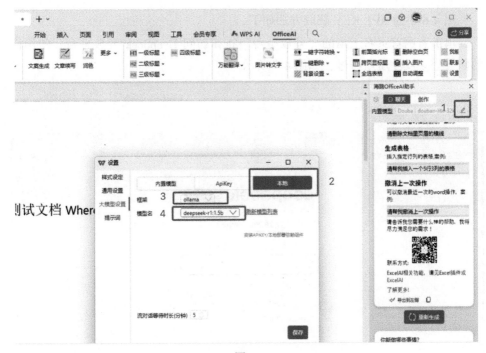

• 图 4-5

• 图 4-6

图 4-6 中的 API_KEY 获取方法如下。

单击官网首页右上角的"开放平台"按钮访问 DeepSeek 开放平台，使用你的账号登录或注册新账号，如图 4-7 所示。

● 图　4-7

登录后，单击左侧边栏的"API Keys"选项。单击"创建 API Key"按钮，为其命名以便区分不同的密钥。系统会生成一个新的 API Key，请务必将其复制并妥善保存，因为此密钥只在创建时显示一次，之后无法再次查看，如图 4-8 所示。

设置完成后，如果配置正常，则可以在 WPS Word 中使用 DeepSeek 了。

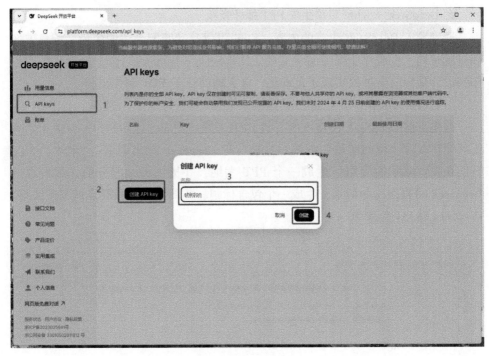

● 图 4-8

4.2.4 DeepSeek + Kimi 一键生成 PPT

在职场中，制作高质量的 PPT 演示文稿往往需要耗费大量时间和精力。幸运的是，DeepSeek 与 Kimi 的结合，为这一过程带来了革命性的改变。通过这两款 AI 工具的协作，用户可以快速生成内容丰富、设计精美的 PPT，大幅提升了工作效率。

1. 什么是 Kimi

Kimi 是一款智能 PPT 生成器，擅长将文本内容转化为设计精美的幻灯片。Kimi 可以根据用户输入的文本内容，自动优化排版，选择合适的配色方案，并智能生成视觉化的表达方式，使得每一张幻灯片都具备专业级的设计感。无论是商务汇报、学术演讲，还是产品展示，Kimi 都能迅速生成高质量的 PPT，帮助用户专注于内容本身，而不必在排版和美观度上花费过多时间和精力。

2. DeepSeek + Kimi 自动生成 PPT 操作步骤

通过输入 DeepSeek 生成的内容，Kimi 可以自动匹配合适的模板、配色方案和排版布局，生成专业级的演示文稿。DeepSeek + Kimi 的结合，使得从内容创作到设计呈现的全过程实现了自动化，极大地简化了 PPT 制作流程。

（1）使用 DeepSeek 生成 PPT 内容

首先，在 DeepSeek 中输入所需的 PPT 主题。例如，计划制作一份关于"人工智能在教育领域的应用"的演示文稿。向 DeepSeek 提出请求："请为'人工智能在教育领域的应用'生成一个 PPT 大纲，并提供每个部分的详细内容。"DeepSeek 将根据这一请求，生成一个包含标题、各部分内容和要点的完整大纲。DeepSeek 输出内容如图 4-9 所示。

• 图 4-9

用户可以根据需要对生成的内容进行微调和补充。

（2）将内容导入 Kimi 生成 PPT

访问 Kimi 的官方网站，登录后，在"Kimi+"功能区找到"PPT 助手"。将从 DeepSeek 获取的内容复制粘贴到输入框中，Kimi 将自动分析文本结构，如图 4-10 所示。

● 图 4-10

在分析完成后，用户可以选择适合的模板、设计风格和配色方案。确认选择后，单击"一键生成 PPT"按钮，选择一个模板，Kimi 将自动生成完整的演示文稿，如图 4-11 所示。

（3）编辑与导出

自动生成的 PPT 可以直接在 Kimi 中进行预览和编辑，如图 4-12 所示。

● 图 4-11

● 图 4-12

用户可以根据具体需求，调整文字、图片和布局，如图 4-13 所示。

● 图　4-13

完成所有修改后，保存并下载 PPT，即可获得一份专业级的演示文稿。

4.3 DeepSeek + Photoshop 一键自动抠图

在图像编辑领域，抠图即将图像的主体从背景中分离出来，曾是一个耗时且需要精细操作的任务。然而，随着人工智能技术的发展，DeepSeek 与 Photoshop 的结合，使这一过程变得更加智能和高效。例如，在电商产品摄影中，通常需要将产品从拍摄的 背景中抠出，以便后期合成不同的场景。传统手动抠图需要耗费大量时间，且对操作精度要求较高。而通过 DeepSeek 与 Photoshop 的结合，只需简单几步，即可实现高质量的自动抠图，大大提高了工作效率。

在 DeepSeek 中生成自动抠除 Photoshop 背景的脚本，操作步骤如下。

（1）准备图像

将需要处理的图像导入 Photoshop。

（2）生成 .jsx 脚本

使用 DeepSeek，根据图像的特性和需求，生成相应的 Photoshop 脚本。将代码保存为 .jsx 格式的文件。

用户提问：

生成一个抠除 Photoshop 图像背景的脚本。

DeepSeek 回答：

以下是一个使用 Photoshop ExtendScript 编写的自动抠图脚本，基于 Photoshop 的主体选择功能实现背景删除：

```
#target photoshop
app.bringToFront();


(function () {
    //如果没有打开文档,则退出
    if (app.documents.length === 0) {
        alert("请先打开一张图像文件!");
        return;
    }


    var doc = app.activeDocument;
    var layer = doc.activeLayer;


    // 1)如果当前图层是"背景图层",先解锁,否则无法操作
    if (layer.isBackgroundLayer) {
        layer.name = "Unlocked Layer";
        layer.isBackgroundLayer = false;
    }
```

```
// 2) 如果当前图层是智能对象, 需要栅格化, 才能执行背景移除
操作
//判断方式: layer.kind === LayerKind.SMARTOBJECT
if (layer.kind ===LayerKind.SMARTOBJECT) {
    layer.rasterize(RasterizeType.ENTIRELAYER);
}

try {
    // 3)调用背景移除函数
    var desc = new ActionDescriptor();
        executeAction (stringIDToTypeID (" removeBack-
ground"), desc, DialogModes.NO);
        alert("已移除背景!");
} catch (e) {
        alert("无法使用 Remove Background: " + e.message);
    }
})();
```

使用说明:

将代码保存为 .jsx 格式文件

在 Photoshop 中通过以下方式运行:

文件 > 脚本 > 浏览...

建议 Photoshop 版本: 2020+

支持格式: JPEG/PNG/PSD 等常见格式

注意事项:

依赖 Adobe Sensei AI 技术, 复杂背景可能需手动调整

自动保存为 PNG 时会覆盖同名文件

建议在处理前复制原始图层

人像照片效果最佳, 复杂物体可能需要后续优化

高级功能扩展方向:

可添加边缘羽化功能

支持批量处理多个文件

添加蒙版精细调整功能

支持背景替换功能

添加智能边缘优化算法

如果需要特定功能的扩展版本，可以告诉我你的具体需求！

……

复制以上脚本，在本地新建一个 .jsx 格式的文件，将复制的脚本粘贴进去。

（3）执行脚本

在 Photoshop 中执行由 DeepSeek 生成的脚本，软件将自动进行抠图和背景去除操作（建议 Photoshop 版本：2020+）。在 Photoshop 中通过以下方式执行脚本。

单击"文件"→"脚本"→"浏览"（英文版路径为 File → Scripts → Browse…），选择之前新建的 .jsx 格式文件执行脚本。如图 4-14 所示。

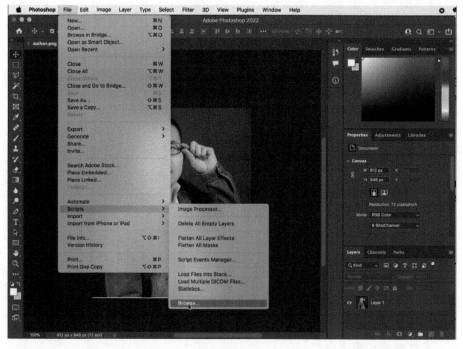

● 图 4-14

执行脚本成功后，会自动抠除背景颜色，如图 4-15 所示。

● 图 4-15

通过以上步骤，我们就完成了利用 DeepSeek 自动抠除 Photoshop 背景的任务。

4.4 用 DeepSeek +剪映快速生成短视频

在当今数字时代，短视频已成为信息传播的重要载体。然而，创作高质量的短视频往往需要耗费大量时间和精力。幸运的是，人工智能技术的进步为内容创作者提供了新的工具。通过将 DeepSeek 与剪映相结合，可以实现一键生成短视频的高效流程。

1. 什么是剪映

剪映是一款功能强大的视频编辑应用，提供了丰富的模板和素材库，用户可以轻松地将文字、图片和视频片段组合成完整的短视频。其"一键成片"功能尤其适合快速制作短视频，用户只需导入素材，选择合适的模板，便能生成专业水准的作品。

2. 用 DeepSeek +剪映生成短视频示例

将 DeepSeek 与剪映结合，可以大幅提升短视频的制作效率。具体流程如下：

(1) 确定主题

首先，明确视频的主题，例如"科幻小故事"。

(2) 生成文案

用户提问：

生成一个科幻小故事的短视频文案，200 字左右。

DeepSeek 回答：

《生命信号》短视频分镜脚本

【场景1】：未来城市废墟航拍（俯视镜头）

（电子音效渐入）无人机视角掠过坍塌的玻璃穹顶，钢筋如巨型荆棘刺破紫色天空。镜头下摇，焦黑路面散落着发光电子残骸。

【场景2】：防毒面具特写（手持抖动镜头）

布满裂痕的护目镜倒映着绿色辐射值警报，汗珠沿着橡胶框边缘滑落。呼吸声逐渐急促，镜头拉开——身穿纳米防护服的快递员林夏正蜷缩在自动贩卖机后。

【场景3】：外星生物追击（高速跟拍）

（心跳声炸响）三条荧光蓝触手突然刺穿混凝土墙！半透明触须内部可见流动的橙色能量体，末端分裂出锯齿状口器。林夏翻滚躲过，腰间的古董怀表滑出，全息投影浮现出妹妹生日影像。

【场景4】：地下实验室（冷光照明）

（警报声刺耳）林夏将怀表嵌入控制台，机械女声响起："基因武器已激活，倒计时 30 秒撤离"。突然触手穿透她的小腹，鲜血在防护服内晕开。特写她染血的手指按下"立即引爆"。

【场景 5】：反转结局（慢镜头）

爆炸白光中，林夏身体碎片化为银色颗粒重组。瞳孔泛起蓝光，皮肤下浮现外星生物的能量纹路——原来她早被寄生，而入侵者内部也存在反抗意识（片尾浮现燃烧字幕：当我们吞噬星空时，谁在吞噬我们？）。

【音效提示】全程穿插宇宙白噪声与变调版《生日歌》旋律

……

（3）打开剪映

打开剪映，选择"AI 图文成片"按钮，将 DeepSeek 生成的文案导入剪映应用，文案可以根据实际效果进行多次修改补充。如图 4-16 所示。

● 图 4-16

单击"图文成片"按钮，如图 4-17 所示。

再单击"自由编辑文案"按钮进行编辑，如图 4-18 所示。

•图　4-17　　　　　　　　　　　•图　4-18

（4）微调与发布

对生成的视频进行必要的调整，如添加背景音乐、字幕等，确保视频质量。完成并导出后，可直接发布到各大社交媒体平台，如图 4-19 所示。

● 图　4-19

4.5 用 DeepSeek + Xmind 一键生成思维导图

在信息爆炸的时代，思维导图成为整理和展示复杂信息的有效工具。然而，手动创建思维导图耗时费力。人工智能技术的发展为我们提供了新的解决方案。通过将 DeepSeek 与 Xmind 结合，可以实现一键生成思维导图的高效流程。

Xmind 是一款广受欢迎的思维导图软件，提供了丰富的模板和直观的操作界面，用户可以轻松地创建、编辑和分享思维导图。其支持导入多种格式的文件，包括 Markdown 格式，这为与 DeepSeek 的结合提供了可能。

将 DeepSeek 与 Xmind 结合，可以大幅提升思维导图的制作效率，具体流程如下：

（1）明确主体

首先，确定需要分析的文本内容，例如一份政策文件或一长篇文章。

（2）DeepSeek 生成 Markdown 格式文本

将文本输入 DeepSeek，AI 会对内容进行深入分析，提取关键点，并以 Markdown 格式生成结构化的摘要。

用户提问：

生成一个关于人工智能的 Markdown 格式文本，用于 Xmind 生成思维导图。

DeepSeek 回答：

人工智能

主要分支
-机器学习
 -监督学习
 -无监督学习
 -强化学习
-深度学习
 -神经网络
 -卷积神经网络（CNN）
 -循环神经网络（RNN）
-自然语言处理（NLP）
 -文本分类
 -机器翻译

```
-情感分析
-计算机视觉
-图像识别
-目标检测
-图像生成
-机器人学
-运动控制
-环境感知
......
```

（3）保存 DeepSeek 生成的 Markdown 格式文本

将以上内容复制并保存为一个 .md 格式文件，例如命名为 xmind_example.md 文件。

（4）导入 Xmind

将 DeepSeek 生成的 Markdown 文件保存后，然后在 Xmind 中依次选择"文件→导入→Markdown"命令，选择刚刚创建的 xmind_example.md 文件，导入该 Markdown 文件，如图 4-20 所示。

● 图 4-20

（5）生成思维导图

导入 xmind_example.md 文件成功后，Xmind 会根据导入的内容，自动生成对应的思维导图，如图 4-21 所示。

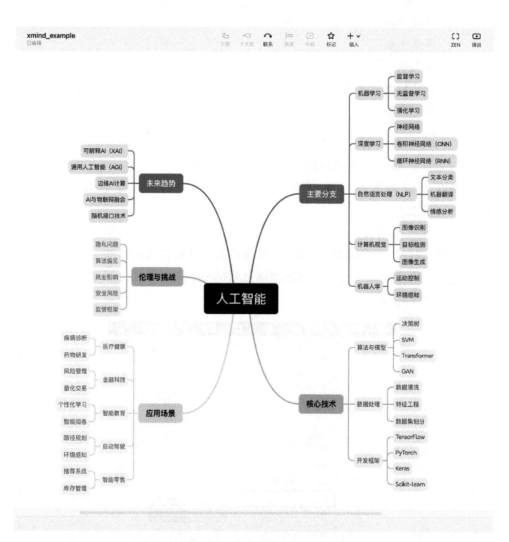

● 图 4-21

读者可以根据需要进行进一步的编辑和美化，这样我们就完成了用 DeepSeek + Xmind 一键生成思维导图的任务。

4.6 用 DeepSeek + Coze 创建 AI 工作流

DeepSeek 擅长处理和生成自然语言；而 Coze 则是一个无代码的 AI 开发平台，允许用户通过可视化界面创建和部署 AI 应用。将 DeepSeek 集成到 Coze 中，可以创建一个智能化的工作流，实现从信息获取、处理到输出的全自动化流程。

1. 什么是 Coze

Coze（中文名"扣子"）是由字节跳动推出的一站式人工智能开发平台，旨在帮助用户无须编程即可快速创建和部署 AI 聊天机器人（Chatbot）和应用程序。无论是否具备编程经验，用户都能通过 Coze 的平台，利用可视化的流程编辑器，轻松构建各种类型的智能聊天机器人，并将其发布到多个社交平台和应用中。

Coze 的主要功能与优势如下：

1）丰富的插件支持：Coze 集成了超过 60 种插件，涵盖新闻阅读、旅游规划、效率办公、图片理解等多个领域。用户可以根据需求，为机器人添加相应的功能。例如，使用新闻插件，可以打造一个实时播报最新资讯的 AI 新闻主播。

2）多样的数据源：平台提供了易于使用的知识库功能，支持上传本地文件（如 TXT、PDF、DOCX、Excel、CSV）或通过 URL 获取在线内容。机器人可以利用这些数据源与用户进行互动，回答相关问题。

3）持久化记忆能力：Coze 具备数据库记忆功能，能够记录并存储用户对话中的重要信息。例如，用户可以创建一个数据库来记录阅读笔记，机器人则可根据这些记录，提供个性化的阅读建议。

4）灵活的工作流设计：平台提供了可视化的工作流编辑器，包含大语言模型、自定义代码、逻辑判断等多种节点。即使没有编程基础，用户也能通过拖拽的方式，快速搭建复杂的任务流程。例如，创建一个自动收集电影评论的工作流，方便快速查看最新影片的评价和评分。

2. DeepSeek 与 Coze 的结合

将 DeepSeek 集成到 Coze 中，可以创建一个智能化的工作流，实现从信息获取、处理到输出的全自动化流程。例如，在自媒体内容创作中，传统方式需要手动查找资料、撰写文案和设计配图，耗时耗力。而通过 DeepSeek 和 Coze 的结合，可以自动完成以下步骤：

1）信息获取：利用 DeepSeek 强大的自然语言处理能力，从指定的来源（如新闻网站、社交媒体）自动抓取最新的内容。

2）内容生成：DeepSeek 对获取到的信息进行分析和处理，自动生成高质量的文章或摘要。

3）图像生成：通过 Coze 的图像生成插件，根据文章内容自动生成相关配图。

4）发布管理：将生成的内容和图片自动发布到指定的平台，如博客、微信公众号等。

3. 在 Coze 中创建 DeepSeek 工作流实战示例

在 Coze 平台中，用户可以通过以下步骤创建基于 DeepSeek 的工作流。

（1）登录账号

如果没有注册账号，则会自动注册。Coze 平台的登录页面如图 4-22 所示。

● 图 4-22

（2）创建智能体

单击左上角的加号，位于图 4-23 中的红色方框位置，再选择"创建智能体"选项，点击"创建"按钮，如图 4-23 所示。

● 图　4-23

填写智能体名称和智能体功能介绍（可以不填），然后单击"确认"按钮完成智能体创建，如图 4-24 所示。

（3）创建新工作流

进入智能体详情页面，找到位于页面中间的"技能"→"工作流"选项，单击右边的加号"+"，弹出"添加工作流"对话框，如图 4-25 所示。

单击对话框左上角的"创建工作流"按钮，在弹出的"创建工作流"对话框中输入工作流名称和描述，如图 4-26 所示。

● 图 4-24

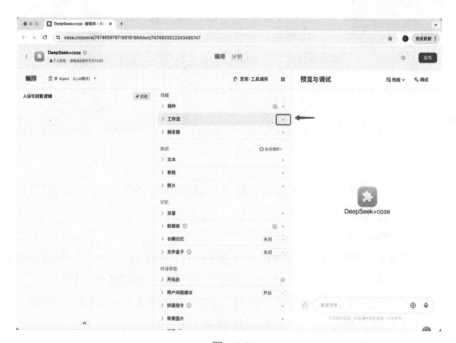

● 图 4-25

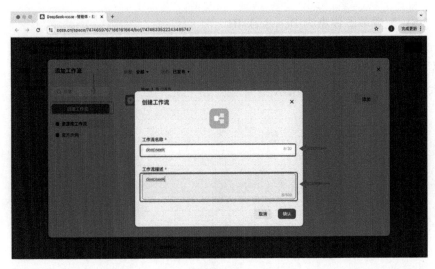

• 图 4-26

（4）添加节点

在工作流中可以添加不同的节点。例如，如果想添加大模型节点，则单击"添加节点"按钮，选择"大模型"选项，如图 4-27 所示。

• 图 4-27

（5）配置节点模型为 DeepSeek-R1

添加好"大模型"节点后，双击中间的大模型对话框，则右边会弹出"大模型"节点的参数设置对话框。在"模型"选项中，选择"DeepSeek-R1"，完成大模型配置，如图 4-28 所示。

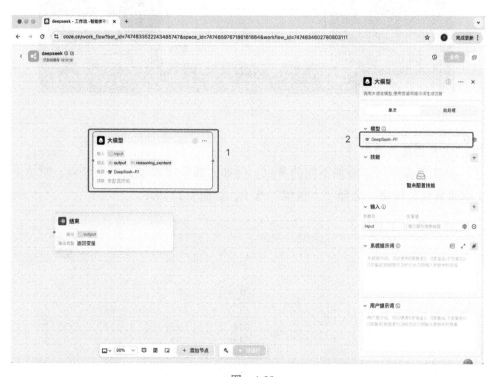

● 图 4-28

（6）连接节点

按照流程，将各个节点连接起来，形成完整的工作流，如图 4-29 所示。

（7）测试和发布

工作流搭建完成后，可以单击"试运行"按钮进行测试，确保每个环节正常工作，如图 4-30 所示。

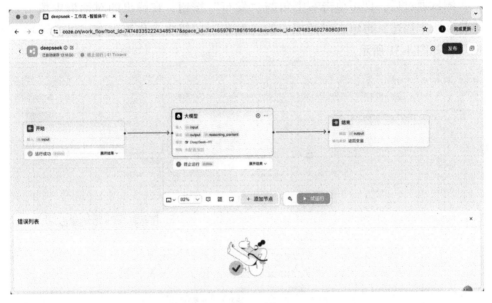

• 图 4-29

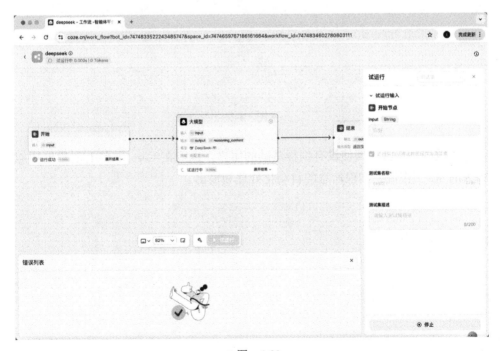

• 图 4-30

测试通过后，即可单击右上角的"发布"按钮，在弹出的对话框中填写版本号和版本描述，再单击对话框中的"发布"按钮将工作流发布，供实际项目使用，如图 4-31 所示。

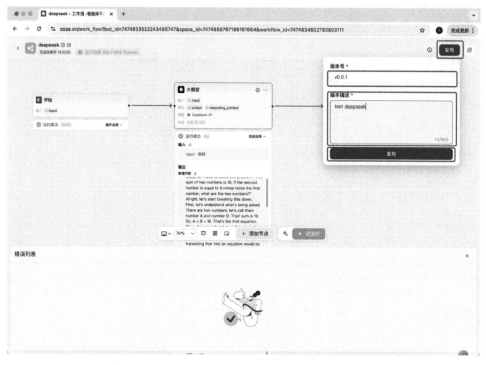

● 图　4-31

通过以上步骤，即使没有编程基础的用户，也能在 Coze 平台上创建出功能强大的 AI 工作流，实现信息的自动化处理和输出。

05 第5章 让DeepSeek扮演生活娱乐助手

5.1 DeepSeek 日常生活小帮手

5.1.1 用 DeepSeek 寻找日常穿搭灵感

在日常生活中，当不知道怎么穿搭时，可以问问 DeepSeek。精准高效的提问方式能够让 DeepSeek 提供符合个人喜好的穿搭建议，包括搭配技巧、流行趋势、穿搭灵感来源以及具体品牌推荐等。

1. 高效提问方式

（1）明确需求和场合

提问时要明确所需穿搭的场合、季节和风格偏好，例如，需要正式的职场搭配或者日常休闲穿搭等。

🖐 提问示例：

我需要为即将到来的商务会议挑选一套适合的穿搭，有什么建议？
我想要一些适合春季的休闲穿搭灵感，如何搭配才能既舒适又时尚？

（2）提供身材与色彩偏好

提供自己的身材特点和颜色偏好可以帮助 DeepSeek 给出更贴合个人风格的穿搭建议。

（★）提问示例：

> 我比较矮小，如何挑选适合我的衣服，让我看起来更高？
> 我的肤色偏暖色调，适合穿什么颜色的衣服？

（3）描述已有的服饰单品

提供自己现有的衣物清单，能帮助 DeepSeek 提供更具体的搭配建议。

（★）提问示例：

> 我有一条黑色铅笔裤，想搭配一件上衣，有什么推荐的搭配方式？
> 我有几件基础款 T 恤，如何搭配出更有层次感的穿搭？

（4）探索流行趋势与创新搭配

如果你希望了解最新的时尚趋势，或者尝试一些不同寻常的穿搭风格，可以提问流行趋势的具体建议。

（★）提问示例：

> 今年春季有哪些流行元素？如何将它们融入我的日常穿搭？
> 我想尝试更大胆的搭配风格，有什么不常见的时尚建议？

2. DeepSeek 提问示例

用户提问：

> 小个子女生的秋冬显高穿搭指南。

DeepSeek 回答：

以下是专为小个子女生打造的秋冬显高穿搭指南，从单品选择、搭配技巧到避雷要点，帮你轻松穿出修长比例和高级感：

一、视觉显高核心技巧

比例优化

高腰线法则：选择高腰裤/裙（腰线在肚脐以上），上衣塞进下装，或搭配短款外套。

内搭同色系：内搭（毛衣+裤子/裙子）保持同色，拉长纵向线条，外套选择对比色以增加层次。

短上衣+长下装：短款毛衣/卫衣搭配高腰阔腿裤，轻松打造"上短下长"比例。

色彩魔法

上下顺色：深色系（黑、灰、驼）显瘦显高，浅色内搭+深色外套避免臃肿。

局部提亮：用亮色围巾、帽子或包包吸引视线到上半身，避免重心下移。

线条延伸

V 领/U 领设计：拉长颈部线条，内搭避免高领堆叠，可选半高领或 V 领针织衫。

垂坠感材质：选择直筒大衣、垂感阔腿裤，避开膨胀感强的臃肿面料。

二、秋冬单品精选清单

外套篇

短款：羊羔毛夹克（长度到腰部）、绗缝羽绒服（菱形/线条压纹更显瘦）。

中长款：H 型毛呢大衣（长度在膝盖以上）、收腰风衣（搭配腰带，强调腰线）。

长款：X 型浴袍大衣（系带设计）、垂感羽绒服（避免 oversize，选修身版型）。

下装篇

裤装：九分直筒牛仔裤、高腰微喇裤、垂感西装裤（露出脚踝+短靴）。

裙装：A 字短裙（搭配肤色打底裤）、高腰针织直筒裙（裙摆下沿在小腿中部）。

鞋靴篇

显高利器：厚底切尔西靴、尖头踝靴、带跟乐福鞋。

配色小心机：鞋裤同色（如黑色紧身裤+黑色短靴），从视觉上延长腿部。

……

5.1.2 用 DeepSeek 挑选商品

当不知道如何挑选符合自己实际需求的商品时，可以问问 DeepSeek。在使用 DeepSeek 挑选商品时，精准的提问能够帮助 DeepSeek 提供符合个人需求的商品推荐，包括产品对比、优缺点分析、购买渠道、性价比评估等。优化提问的关键在于明确商品类别、使用需求、预算范围、品牌偏好和特殊要求，使推荐的内容既实用又符合个人期望。

1. 高效提问方式

（1）明确商品类别和用途

商品的类别决定了推荐的方向，提问时需要说明具体的商品类型以及商品的主要用途，以确保 DeepSeek 提供合适的选择。

🖈 提问示例：

> 我想买一款适合旅行使用的便携蓝牙音箱，有哪些推荐？
> 有哪些适合办公室使用的无线机械键盘，打字手感舒适？
> 我要买一台家用咖啡机，适合新手使用且操作简单，有哪些推荐？

（2）设定购买目标和预算

不同的预算和用途会影响推荐的商品范围，提问时可以明确自己的价格区间和核心需求，例如追求性价比、品牌知名度或特殊功能。

🖈 提问示例：

> 预算 3000 元以内，哪款手机的拍照效果最好？
> 我需要一款千元级别的智能手表，适合运动使用，有哪些推荐？
> 有哪些 500 元以内的高性价比无线降噪耳机？

（3）指定品牌偏好或避坑指南

如果对特定品牌或产品线有偏好，可以在提问时明确指出，或者询问某个品牌的产品是否值得购买，以避免踩坑。

提问示例：

苹果和三星的旗舰手机相比，哪款更适合摄影爱好者？

有哪些国产显示器品牌的性价比高，适合游戏和设计工作？

某品牌的空气炸锅值得购买吗？有哪些优缺点？

（4）结合使用场景和特殊需求

针对不同使用场景（如户外、办公、家庭）或特殊需求（如环保、便携、防水等），可以向 DeepSeek 提出更具体的问题，以获得精准推荐。

提问示例：

我需要一款适合出差使用的轻薄笔记本，续航能力要强，有哪些推荐？

哪款净水器适合租房使用，安装方便且滤芯更换成本低？

有哪些适合冬天穿的高保暖羽绒服，适合户外活动？

（5）对比不同商品或获取购买建议

如果在多个商品之间犹豫不决，可以请 DeepSeek 进行详细对比，分析优缺点，帮助做出更合理的购买决策。

提问示例：

iPad Air 和 iPad Pro 2024 版，哪款更适合学习和绘画？

佳能和索尼的微单相机，哪款更适合新手摄影？

戴森吸尘器和国产高端吸尘器相比，哪款更值得购买？

（6）多维度组合关键词

单一关键词往往过于宽泛，而多维度关键词组合能够快速锁定符合需求的信息。例如，可以从目标人群、使用场景、功能需求三个维度组合关键词。

按目标人群筛选的提示词示例如下：

母婴用品+有机材质+夏季+便携设计（环保安全、适合夏季使用的婴儿产品）

初学者+摄影相机+操作简单+可换镜头（适合新手的可换镜头相机）

送女朋友+轻奢品牌+项链+不过敏（适合送礼、不过敏的轻奢项链）

按使用场景筛选的提示词示例如下：

通勤+轻便+防泼水+单肩背包（适合日常通勤、能防小雨的包）

户外露营+防风+双人帐篷+易收纳（适合户外使用、抗风能力强的帐篷）

办公室午休+人体工学+折叠午睡椅（适合午休、可折叠收纳的午睡椅）

按功能需求筛选的提示词示例如下：

护肤品+敏感肌+无香精+秋冬补水（适合敏感肌人群秋冬使用的护肤品）

运动手表+血氧监测+游泳防水+长续航（具备血氧监测、可戴着游泳的智能手表）

儿童书包+护脊设计+轻量化+大容量（适合小学生的护脊书包）

2. DeepSeek 提问示例

用户提问：

预算 3000 元以内，适合大学生做笔记，支持手写笔的安卓平板，有哪些推荐？

DeepSeek 回答：

根据你的需求，以下是 3000 元以内适合大学生做笔记、支持手写笔的安卓平板推荐，分为不同价位和特点供参考：

一、高性价比首选：华为 MatePad 11 2023 款

价格：平板（6GB+128GB）约 2000 元 + 手写笔（M-Pencil 二代）约 500 元，总价约 2500 元。

优势：

屏幕：11 英寸 120Hz 高刷 LCD 屏，2.5K 分辨率，书写流畅。

手写体验：M-Pencil 二代延迟低至 2ms，支持 4096 级压感，搭配华为自研笔记应用。

系统：HarmonyOS 3.1，多屏协同和分屏功能强大，适合学习场景。

续航：7250mAh 电池 + 22.5W 快充。

不足：性能（骁龙865）略弱于新款芯片，但笔记和日常学习完全够用。

二、性能党推荐：小米平板 6 Pro

价格：平板（8GB+128GB）约 2499 元 + 手写笔（灵感触控笔）约 449 元，总价约 2948 元。

优势：

性能：骁龙 8+ Gen1 旗舰芯片，多任务和轻度游戏无压力。

屏幕：11 英寸 2.8K 144Hz LCD 屏，显示细腻，高刷新率时显示流畅。

手写笔：支持磁吸充电，延迟低至 5ms，适配第三方笔记软件（如云记）。

续航：8600mAh 电池 + 67W 快充，充电速度极快。

不足：MIUI 系统对平板的优化略逊于华为，但日常使用足够。

……

5.1.3 用 DeepSeek 挑选美食

当不知道怎么挑选美食时，可以问问 DeepSeek。精准高效的提问方式能够帮助 DeepSeek 生成符合个人需求的美食推荐，包括当地特色餐厅、热门美食、健康餐饮选择、异国料理、饮食搭配等，使推荐的美食既符合个人口味又满足实际需求。

1. 高效提问方式

（1）明确美食类别和风味偏好

美食的范围决定了推荐的方向，提问时需要精确指定食物种类，如中餐、日料、西餐或具体菜系（川菜、粤菜、鲁菜等）。同时，可指定个人的口味偏好，如偏辣、清淡、甜食、素食等，以便获得更精准的推荐。

👆 提问示例：

有哪些适合冬天吃的暖胃美食？推荐一些川菜或炖汤。

我喜欢麻辣口味，有哪些推荐的火锅品牌或餐厅？

请推荐几道经典的意大利面食，以及它们的酱料搭配。

（2）设定预算和用餐场景

不同的预算和用餐需求影响推荐的餐厅或美食选择，提问时可以明确用餐场景（如家庭聚餐、情侣约会、朋友聚会）以及预算范围（如人均 50 元以内或高端餐厅）。

🔘 提问示例：

> 预算 200 元以内，推荐几家适合情侣约会的浪漫西餐厅。
> 有哪些高性价比的小吃街，适合周末逛吃？
> 请推荐适合公司团建的餐厅，氛围好且菜品丰富。

（3）选择餐厅类型或用餐方式

美食推荐不仅限于食物种类，还可以指定餐厅类型，如街头小吃、网红餐厅、自助餐、米其林餐厅等，或者指定用餐方式，如堂食、外卖、夜宵等。

🔘 提问示例：

> 有哪些隐藏的本地苍蝇馆子，味道地道且人气高？
> 深夜想点外卖，有哪些美食适合夜宵？
> 请推荐几家性价比高的日式自助餐厅。

（4）提供健康饮食或特殊饮食需求

如果有健康饮食需求或特殊饮食偏好（如低卡、素食、无麸质、清淡饮食等），提问时可明确这些要求，以获得更适合自己的美食推荐。

🔘 提问示例：

> 请推荐几款适合健身人士的高蛋白低脂健康餐。
> 有哪些适合素食者的中式或西式料理？
> 有哪些美食适合低碳水饮食需求？

（5）结合地域特色或旅行美食攻略

对于旅行者来说，不同城市或国家的特色美食是重要的体验之一，可以在提问时指定目的地或区域，以获取深度的美食推荐。

提问示例：

> 去成都旅行，有哪些必吃的小吃和经典川菜？
>
> 请推荐在东京必吃的日式拉面店。
>
> 西安有哪些正宗的羊肉泡馍馆值得一试？

（6）多维度关键词组合，让搜索更精准

单一关键词可能过于宽泛，而多维度关键词组合可以有效缩小选择范围，更快速锁定符合需求的美食推荐。

按饮食需求筛选的提示词示例如下：

> 低卡健康+低卡减脂餐+高蛋白+食材易购+快手菜
>
> 高能量美食+高热量炸鸡+芝士控+甜品爱好者+高饱腹感
>
> 素食主义+全素餐厅+无蛋奶甜点+纯植物料理

按口味与菜系筛选的提示词示例如下：

> 川菜+成都本地人常去的苍蝇馆子+麻辣口味地道+牛油火锅
>
> 粤菜+广式早茶+现蒸点心+老广推荐
>
> 西餐+法式餐厅+牛排+适合约会

按场景筛选的提示词示例如下：

> 朋友聚会+烧烤+宵夜摊+撸串+深夜食堂
>
> 商务宴请+包间+正式餐厅+精致菜品+优质服务
>
> 家庭聚餐+适合带儿童的家庭餐厅+中式合菜+就餐环境宽敞
>
> 情侣约会+浪漫氛围+适合拍照+灯光温馨+情人节推荐

2. DeepSeek 提问示例

用户提问：

> 推荐美食，要求高热量炸鸡+芝士控+甜品爱好者+高饱腹感

DeepSeek 回答：

根据你的需求，我为你设计了一套热量爆表但幸福感拉满的"罪恶美食组合"，完美融合炸鸡、芝士、甜品和高饱腹感四大要素，满足放纵味蕾的终极享受！

主菜推荐：熔岩芝士炸鸡套餐

① 美式辣芝士裹鸡

选用带皮鸡腿肉双炸至金黄酥脆，裹上混合车打芝士粉+辣椒粉的秘制脆皮，淋上滚烫的芝士岩浆酱（马苏里拉+奶油奶酪+淡奶油熬制），撒帕玛森干酪碎，热量直冲 800 大卡/份。

饱腹技巧：搭配蒜香黄油烤厚切吐司，吸满芝士酱汁。

② 韩式甜辣芝士炸鸡锅

甜辣酱炸鸡铺满铸铁锅，底层埋入韩式年糕+红薯块，表面堆叠莫扎瑞拉芝士，烤箱焗至拉丝。甜辣与奶香碰撞，一锅满足碳水+蛋白质+脂肪三重暴击。

隐藏吃法：吃完后打入鸡蛋+米饭，炒制锅巴，饱腹感持续 5 小时。

......

(5.1.4) 用 DeepSeek 生成菜谱

在日常烹饪中，找到适合自己需求的菜谱并不容易，这时候可以问问 DeepSeek。一个精准、实用的菜谱，不仅要匹配口味，还要符合烹饪设备、时间限制、食材供应等实际情况。通过向 DeepSeek 精准描述需求并融合烹饪变量，可以让 DeepSeek 生成的菜谱更贴合实际操作，让做饭变得更轻松、高效。

1. 高效提问方式

（1）明确核心目标，让问题更具体

在提问过程中，提供详细的信息会得到更加精确的答案，例如口味、烹饪设备、时间限制、食材等。

👆 提问示例：

15 分钟内完成的低油快炒蔬菜，适合晚餐，食材常见

（2）多维度组合变量，让菜谱更符合需求

单一关键词可能过于宽泛，而多维度组合变量可以有效缩小范围，帮助生成更加个性化的菜谱。例如，可以从食材、时间、设备、饮食需求等多个角度进行筛选。

按可用食材筛选的提示词示例如下：

> 剩米饭创意食谱+15 分钟完成+无需烤箱
>
> 速冻鸡胸肉+低脂高蛋白+10 分钟快炒
>
> 只有鸡蛋和面粉+3 种材料简易早餐

按饮食需求筛选的提示词示例如下：

> 糖尿病友好晚餐+高纤维+30 分钟快手菜
>
> 高蛋白健身餐+低碳水+适合备餐
>
> 适合儿童的午餐+无添加调味料+营养均衡

按设备限制筛选的提示词示例如下：

> 空气炸锅版炸鸡+少油低脂+外酥里嫩
>
> 电饭煲焖饭+一锅出+不需要炒菜
>
> 仅用微波炉+5 分钟快手早餐

2. DeepSeek 提问示例

用户提问：

> 生成菜谱，要求速冻鸡胸肉+低脂高蛋白+10 分钟快炒

DeepSeek 回答：

> 为你设计一份【10 分钟低脂高蛋白快炒鸡胸】，完美适配速冻鸡胸肉特性，蛋白质含量高达 35g/份，全程无须解冻直接操作：
> 极速蒜香椒麻鸡胸粒
> 核心优势
> 速冻鸡胸免解冻｜单锅完成｜蛋白质 35g｜脂肪<5g｜成本<10 元
> 食材（1 人份）

速冻鸡胸肉 1 块（约 150g）

鸡蛋清 1 个（嫩肉神器）

冷冻青豆/毛豆 50g（微波炉 1 分钟解冻）

蒜末 2 瓣 | 小米辣 1 根

调料：花椒粉 1/2 勺 | 薄盐生抽 2 勺 | 蚝油 1/3 勺 | 淀粉 1/3 勺

快炒流程（严格计时版）

……

5.1.5 用 DeepSeek 生成旅游攻略

当你想去旅游，但是不知道怎么安排时，可以用 DeepSeek 生成旅游攻略。精准的提问能够帮助 DeepSeek 提供符合个人需求的旅行计划，包括目的地推荐、行程规划、交通方案、住宿建议、特色美食、必去景点等。优化提问的关键在于明确旅行内 容、行程天数、预算范围、旅行风格和具体需求，使推荐的攻略既高效又符合个人情况。

1. 高效提问方式

（1）明确旅游目的地与兴趣偏好

旅游目的地决定了攻略的方向，提问时需要具体说明旅行的城市、国家或地区。同时，明确个人的兴趣点，如自然风光、历史文化、购物、美食或户外探险。

提问示例：

> 我计划去云南旅游五天，能否提供一份详细的行程攻略？
> 我对北京的历史文化感兴趣，适合去哪些景点深度游？

（2）设定旅行目标和行程天数

不同的旅行目标和时间安排决定了行程的紧凑程度和活动类型，提问时应明确旅行时长（如周末短途游、一周深度游），并设定主要目的，如放松度假、文化体验、拍照打卡或冒险探索。

🖱 提问示例：

> 请帮我制定一个 3 天的南京自由行计划，包含景点、美食和交通安排。
> 我想去西安体验地道的夜市文化和历史景点，如何规划 4 天的行程？

（3）指定旅行风格和预算范围

不同的旅行者有不同的风格，例如节约型、自驾游、奢华度假、背包旅行等。提问时可以明确预算范围，以便获得更符合需求的建议。

🖱 提问示例：

> 我想去厦门旅行，预算 3000 元，能否推荐经济实惠的住宿和交通方式？
> 有哪些适合新婚蜜月的浪漫海岛度假胜地，预算不限？
> 我希望在巴黎进行一次奢华旅行，能否推荐高端酒店、米其林餐厅和私人导览路线？

（4）提供具体需求，如交通、住宿和美食

如果希望攻略更加详细，可以在提问时指定对交通方式、住宿风格和美食品类的要求。例如，是否偏好高铁、自驾、青旅、民宿或当地特色餐厅等。

🖱 提问示例：

> 请推荐成都的地道美食，包括苍蝇馆子和火锅店。
> 有哪些适合家庭出游的民宿或亲子酒店推荐？

2. DeepSeek 提问示例

用户提问：

> 生成旅游攻略，推荐成都 3 日游路线，重点体验本地人常去的苍蝇馆子和火锅店。

DeepSeek 回答：

成都 3 日深度美食文化游

重点：避开网红店，挖掘本地人私藏老店+市井烟火气体验

Day 1：老城烟火漫游

路线：青羊宫→杜甫草堂→青羊区老巷→夜游宽窄巷子

苍蝇馆子清单

......

Day 2：老街巷弄寻味

路线：文殊院→曹家巷工人村→东郊记忆→望平街夜生活

苍蝇馆子清单

......

5.2 DeepSeek 变身你的健身教练

5.2.1 DeepSeek 量身定制个人健身计划

健身计划因人而异，不同的健身目标、身体状况、时间安排、训练方式，都会影响训练方案的制定。通过优化提问方式，可以让 DeepSeek 更精准地理解需求，生成适合个人情况的健身计划。本小节提供高效提问技巧，并整理了常见提示词，帮助你制定高效科学的健身方案。

1. 高效提问方式

（1）明确核心目标，让计划更具针对性

健身目标决定了训练的方向，不同的目标需要不同的训练模式和饮食策略。例如：

🐭 提问示例：

2 个月内改善核心肌肉线条，每周 5 次训练，结合低碳饮食和有氧运动。

（2）细化具体需求，让训练更符合个人情况

每个人的身体状况、日常习惯和可投入时间不同，因此在提问时，细化个人条件能让计划更精准。

结合身体状况的提示词示例:

> 体重 80kg,目标减重 10kg,膝盖不好,适合低冲击训练。
> 女生,BMI 22,想改善臀腿线条,不想练出明显肌肉。
> 健身新手,零基础,从最基础的力量训练开始。

结合时间安排的提示词示例:

> 每天最多 40 分钟训练,每周安排 5 天,适合上班族。
> 每周训练 3 次,每次 1 小时,结合户外慢跑。
> 只在家训练,无健身房器材,每次训练 30 分钟。

结合运动方式的提示词示例:

> 喜欢 HIIT 训练,想用高强度间歇训练提高心肺耐力。
> 只做自重训练,不使用器械,希望增强全身肌肉力量。
> 结合游泳和瑜伽,希望提高柔韧性和核心稳定性。

(3)使用结构化模板,让回答更清晰可执行

对于需要长期执行的健身计划,可以按照结构化模板提问,确保方案逻辑清晰、易于参考。按天或周制订训练计划的提示词示例如下:

> 制订一份 6 周减脂训练计划,包含每日训练内容、有氧+力量结合、推荐的饮食结构。
> 请设计一个每周 4 天训练的健身计划,目标是全身增肌,包含具体训练动作、组数、次数、饮食建议。
> 制订一个 14 天瑜伽拉伸计划,适合零基础练习,每天 20 分钟。

按目标+饮食+训练结合提问的提示词示例如下:

> 帮我规划 3 个月内增肌 5kg 的训练和饮食方案,包含每周训练安排、增肌饮食推荐、补剂选择。
> 制订一个适合减脂的健身房训练计划,结合低碳水饮食,每天最多训练 60 分钟。
> 如何在一个月内降低体脂率 3%,需要饮食+训练+恢复方案。

2. DeepSeek 提问示例

用户提问：

帮我规划 3 个月内增肌 5kg 的训练和饮食方案，包含每周训练安排、增肌饮食推荐、补剂选择。

DeepSeek 回答：

以下是针对 3 个月内增肌 5kg 的详细训练、饮食及补剂方案，结合科学增肌原理设计，注重安全性和可持续性：

一、训练计划（每周 5 天，分化训练）

原则：以复合动作为主，渐进超负荷，每周增加重量或次数，确保肌肉持续刺激。

周一：胸部+三头肌

平板杠铃卧推 4 组×8~10 次

上斜哑铃卧推 3 组×8~10 次

双杠臂屈伸（负重）3 组×10~12 次

哑铃飞鸟 3 组×12 次

绳索三头下压 4 组×12 次

周二：背部+二头肌

硬拉 4 组×5~8 次

引体向上（负重）4 组×8~10 次

杠铃划船 3 组×8~10 次

高位下拉 3 组×10~12 次

哑铃弯举 4 组×10~12 次

周三：休息或低强度有氧（如散步 20 分钟）

周四：腿部

深蹲 5 组×6~8 次

保加利亚分腿蹲 3 组×10 次/腿

腿举 4 组×10~12 次

罗马尼亚硬拉 3 组×8~10 次

坐姿腿弯举 3 组×12 次

周五：肩部+腹肌

……

5.2.2 DeepSeek 生成健康饮食建议

健康饮食不仅仅是少吃油炸、多吃蔬菜这么简单。每个人的身体状况、生活习惯和饮食偏好都不同，想要确定适合自己的饮食方案，需要从多个维度进行考虑。通过精准描述需求和多维变量组合，可以让 DeepSeek 生成更贴合实际、更易执行的饮食建议。

1. 高效提问方式

一个精准的饮食方案，首先要基于个人的基本信息。以下几个核心数据可以帮助 DeepSeek 更好地理解你的需求。

（1）提供基础生理数据

基础生理数据决定了你的热量需求和饮食结构，在提问时，最好提供个人年龄、身高、体重等基础生理数据。

提问示例：

> 30 岁女性，身高 160cm，体重 58kg，目标是 3 个月内减重 5kg，想要一份低碳水、高蛋白的健康餐单。

（2）明确你的健康目标

不同目标对应不同的饮食结构，明确目标可以避免推荐不适合自己的食谱。

提问示例：

> 50 岁男性，Ⅱ型糖尿病，希望获取一份低 GI（血糖指数）、高纤维的三餐食谱，能稳定血糖。

（3）提供饮食限制与个人偏好

如果你对某些食物过敏，或有特殊饮食习惯，务必提前说明。

🔊 提问示例：

需要 5 道适合乳糖不耐受人群的健康早餐，不含奶制品，能在 15 分钟内完成。

（4）常见提示词分类

除了基本信息，还可以通过多维度组合关键词，让饮食建议更符合自己的生活方式。例如，有些人喜欢下厨，有些人没时间做饭，有些人因住在宿舍而受限于厨房设备。根据自己的实际情况，添加合适的限制条件。

🔊 提问示例：

适合上班族的低脂晚餐，30 分钟内完成，使用空气炸锅，食材易买。

（5）结合预算范围

饮食健康不一定要花很多钱，如果有预算限制，可以要求平价替代方案。

🔊 提问示例：

大学生增肌期食谱，月预算 800 元，宿舍限电，仅能用微波炉。

3. DeepSeek 提问示例

用户提问：

适合上班族的低脂晚餐，30 分钟内完成，使用空气炸锅，食材易买。

DeepSeek 回答：

以下是为上班族量身定制的几款空气炸锅低脂晚餐，每道菜都满足快速烹饪（≤30 分钟）、超市易购食材、500 大卡以内的要求，并附赠高效备餐技巧：

一、蒜香柠檬虾时蔬拼盘（398 大卡）
食材：冷冻虾仁 200g｜芦笋 5 根｜樱桃番茄 10 颗｜柠檬 1/4 个
秘籍：

虾仁解冻后用厨房纸吸干，撒黑胡椒+蒜粉+红椒粉各 1/2 茶匙

空气炸锅垫烘焙纸，180℃，先烤虾仁 8 分钟

加入芦笋和番茄喷 3 下橄榄油，继续烤 5 分钟

挤柠檬汁，搭配 50g 即食杂粮饭

省时窍门：冷冻虾仁无须去壳，芦笋选即食包装款

二、韩式辣酱鸡胸肉卷（427 大卡）

食材：鸡胸肉 200g丨球生菜 6 片丨泡菜 50g丨黄瓜 1/4 根

灵魂腌料：零糖韩式辣酱 1 勺+蒜末 1 茶匙+苹果醋 1 勺

步骤：

鸡胸肉片成 3mm 薄片，腌料按摩 3 分钟

空气炸锅 200℃烤 6 分钟（中途翻面）

生菜包裹鸡肉+泡菜+黄瓜丝，撒芝麻

口感升级：烤制前刷一层蜂蜜水，形成焦脆外壳

……

5.2.3 让 DeepSeek 协助进行心理健康管理

当你感觉心理状态不好的时候，DeepSeek 可以帮助你分析心理状态、提供实用的情绪管理建议、优化日常习惯，但前提是你的提问足够清晰、具体，并结合实际的心理健康数据或生活情况。本小节将详细介绍如何精准提问，如何利用关键心理健康数据进行分析，以及如何调整心理状态和生活习惯，确保心理调节更加科学、高效。

1. 高效提问方式

心理问题并不是一句简单的"我感觉不太好"就能描述清楚的，需要清晰描述当前状态，并提供尽可能多的相关信息。

（1）提供基础心理信息

不同人群的心理需求和承受能力不同，提供基础信息可以让分析更加精准。

🔸 提问示例：

26 岁女性，工作压力大，最近经常失眠、情绪起伏不定，容易因小事焦虑，如何调整情绪并改善睡眠？

（2）说明具体心理困扰

心理问题的表现因人而异，详细的描述能帮助提问者找到更适合自己的应对策略。

🔸 提问示例：

30 岁男性，最近两个月情绪低落，经常感到疲惫，工作时难以集中注意力，对社交失去兴趣，该如何调整？

（3）常见提示词分类

心理健康管理需要结合多个因素，例如情绪变化规律、生活习惯、压力源、应对方式等。通过多维度的数据分析，可以更全面地了解心理状态，并制定更有效的改善方案。

结合生活习惯调整的提示词示例如下：

最近焦虑感增强，睡眠变差，每天熬夜到 2 点，早上难以起床，如何调整作息改善情绪？

长期工作压力大，每天 12 小时高强度工作，如何在有限时间内进行心理放松？

社交焦虑严重，害怕在人多的场合讲话，如何逐步提升社交自信？

结合心理训练与思维调整的提示词示例如下：

如何培养更积极的思维方式，减少对未来的过度担忧？

总是害怕失败，不敢尝试新事物，如何建立更稳定的自信？

情绪易怒，容易因小事烦躁，该如何锻炼情绪调节能力？

结合情绪监测与长期改善的提示词示例如下：

过去三周焦虑感明显增加，是否需要调整生活方式或进行心理干预？

最近社交活动减少，情绪低落加重，如何改善孤独感并提升社交动力？

如何建立长期的情绪管理习惯，减少情绪波动，提高心理韧性？

2. DeepSeek 提问示例

用户提问：

26 岁女性，工作压力大，最近经常失眠、情绪起伏不定，容易因小事焦虑，如何调整情绪并改善睡眠？

DeepSeek 回答：

你的情况很可能是由焦虑和不良作息互相作用形成的恶性循环。以下是一套系统调整方案，建议分阶段执行：

第一阶段：紧急止损（第 1—3 天）

强制阻断熬夜行为：设置 23：30 的"无屏幕时间"，将手机调至勿扰模式，放置在离床 2 米外

启动晨间唤醒机制：即使凌晨 2 点睡，也要设定 8 点闹钟，起床后立即拉开窗帘，到阳台接受 5 分钟自然光照

焦虑急救法：准备纸质笔记本，睡前写下所有烦心事并标注"明天 10 点处理"，进行思维隔离

第二阶段：生理节律重建（第 4—10 天）

阶梯式入睡计划：每天提前 20 分钟躺到床上（如 2：00→1：40→1：20……），配合 4-7-8 呼吸法（吸气 4 秒→屏息 7 秒→呼气 8 秒）

日间能量管理：

14 点后不摄入咖啡因

18 点前完成 30 分钟有氧运动（快走/爬楼梯）

19 点进行 15 分钟"焦虑释放书写"，把担忧转化为可执行步骤

营养支持：晚餐增加深海鱼类/核桃，睡前 1 小时饮用 200ml 温豆浆（含色氨酸）

……

5.3 DeepSeek 音乐与电影推荐

5.3.1 让 DeepSeek 推荐好听的音乐

当你想听一些经典、好听的音乐时，却不知道如何选择，这时候可以问问 DeepSeek。无论是寻找背景音乐、助眠旋律，还是想发现新的音乐风格、经典好歌，精准的提问方式都能让 DeepSeek 给出更符合个人喜好的推荐。

本小节将详细介绍如何精准提问，如何结合音乐风格、情绪、使用场景等多个因素优化搜索，确保推荐的音乐真正符合提问者的喜好和需求。

1. 明确音乐需求，提供关键信息

在让 DeepSeek 推荐音乐前，先要明确自己希望听到什么样的音乐，不同的需求会影响推荐方向。

（1）基础偏好信息

每个人的音乐偏好都不一样，提供更具体的信息，可以让推荐更精准。

🎤 提问示例：

喜欢刺猬乐队、旅行团乐队这种风格，推荐一些类似的流行摇滚歌曲。

（2）音乐使用场景

音乐往往和场景密切相关，不同的环境适合不同的音乐风格。

🎤 提问示例：

寻找适合夜晚独自开车的歌曲，偏电子氛围感，类似徐梦圆等的歌曲。

（3）具体的音乐需求

对音乐的具体需求包括歌词内容、情绪氛围、语言类型等。

提问示例:

> 想听轻松温暖的华语歌曲,类似陈奕迅、李健的风格。

(4) 常见提示词分类

仅仅提供基本偏好可能仍然过于宽泛,结合多个关键词,可以获得更符合个人喜好的歌曲推荐。

结合音乐风格优化的提示词示例如下:

> 80 年代经典摇滚推荐,类似崔健、黑豹乐队的风格。
>
> 推荐复古电子音乐,类似 Tizzy T、法老的曲风。
>
> 轻爵士风格,适合晚上放松,推荐一些低调的爵士歌单,如赵鹏、陈奕迅的作品。

结合情绪表达优化的提示词示例如下:

> 适合独处时听的悲伤歌,钢琴为主,类似李健、林俊杰的风格。
>
> 想听一些充满力量感的励志音乐,像汪峰、GALA 的作品那样。
>
> 轻松愉快的背景音乐,适合阳光午后,类似旅行团乐队、苏打绿的作品。

结合使用场景优化的提示词示例如下:

> 适合晨跑的高能量音乐推荐,节奏快,带动跑步节奏,如五月天、二手玫瑰的作品。
>
> 适合学习时听的 Lo-Fi 纯音乐,减少分心,提高专注,推荐陈致逸、久石让的作品。
>
> 深夜开车听的电子氛围音乐,像徐梦圆、洛天依的风格。

2. DeepSeek 提问示例

用户提问:

> 推荐复古电子音乐,类似 Tizzy T、法老的曲风。

DeepSeek 回答:

结合 Tizzy T 和法老音乐中的说唱基底与复古电子元素，以下是兼具中文说唱与复古电子氛围的推荐方向，涵盖音乐人、制作人和具体曲目：

国内推荐：复古电子 × 说唱融合

Higher Brothers 早期作品

如《Made in China》《Flo Rida》，融合 80 年代合成器音色 和 Trap 节奏，复古未来主义感强烈。

制作人：Harikiri（擅长用 Synthwave 音色构建说唱编曲）

马思唯《黑马》专辑

单曲《Hasta Luego》采用拉丁电子舞曲，搭配复古 Disco 鼓点，兼顾律动与街头感。

刘柏辛 Lexie

虽偏未来感，但《Manta》《有吗炒面》中大量使用 Y2K 千禧年电子音效，适合喜欢科技复古的听众。

法老 × 吴力匀（制作人）合作

法老的《科幻小说》专辑中，《未来实验》等曲目加入 Glitch 效果和赛博朋克合成器，暗黑又复古。

小众宝藏

阿克江 Akin：迷幻电子 + 慵懒说唱，如《Blue Moon》

APEX（LEGGO & 4D）：如《2045》中的蒸汽波（Vaporwave）元素。

……

5.3.2 让 DeepSeek 挖掘冷门电影好片

电影的世界浩瀚无垠，除了大众熟知的热门大片，还有许多冷门但极具魅力的作品等待被发现。无论是被遗忘的经典、低调的艺术佳作，还是独立电影、小众纪录片，精准的提问方式都能帮助 DeepSeek 推荐符合个人口味的"宝藏电影"。

本小节将详细介绍如何精准提问，如何结合电影类型、风格、导演、情绪氛围、冷门程度等多个因素优化搜索，确保你能找到那些令人惊喜的冷门佳作。

1. 明确电影需求，提供关键信息

在让 DeepSeek 推荐电影之前，先要明确自己希望看到什么类型的电影，不同的需求会影响推荐方向。

（1）电影类型偏好

🖱 提问示例：

> 推荐几部低调但质量极高的国产电影，既具有紧张刺激的剧情，类似于《战狼2》《红海行动》《中国机长》。

（2）观影情绪与氛围

电影带给人的感受往往与情绪有关，不同的情绪适合不同的电影类型。

🖱 提问示例：

> 想看一些冷门但发人深省的文艺电影，剧情深刻但不刻意煽情。

（3）电影冷门程度

🖱 提问示例：

> 推荐几部被低估的冷门科幻片，剧情有深度，不是爆米花电影。

（4）常见提示词分类

仅仅提供基本偏好可能仍然过于宽泛，结合多个关键词，可以获得更符合个人喜好的电影推荐。

结合类型与风格优化的提示词示例如下：

> 推荐几部高分但冷门的悬疑片，剧情烧脑，结局出乎意料，如《催眠大师》《记忆大师》
>
> 想看几部现实题材的冷门佳作，类似《烈日灼心》《暴雪将至》
>
> 寻找几部实验性电影，剧情结构独特，类似《白日焰火》《地球最后的夜晚》

结合情绪与观影体验优化的提示词示例如下：

推荐几部适合夜晚独自观看的氛围感电影，视觉风格强烈，如《长江图》《风中有朵雨做的云》

有哪些适合周末放松的轻松治愈系电影，剧情温暖但不无聊，如《岁月神偷》《恋爱的犀牛》

寻找几部压抑但震撼的电影，类似《嘉年华》《盲山》这种社会题材

结合语言与国家优化的提示词示例如下：

推荐几部冷门但极具艺术价值的中国电影，不限年代，如《小城之春》《盗马贼》

有哪些被忽视的华语佳作，类似娄烨、贾樟柯的作品

寻找几部来自中国内地或香港的冷门电影，剧情有深度，带有历史背景，如《黄土地》

2. DeepSeek 提问示例

用户提问：

推荐几部冷门但极具艺术价值的中国电影，不限年代，如《小城之春》《盗马贼》

DeepSeek 回答：

以下推荐的中国电影在艺术性和创新性上备受赞誉，但相对冷门，涵盖不同年代与风格，适合深度影迷探索：

1.《哀乐中年》（1949，导演：桑弧）

冷门原因：被埋没于早期中国电影黄金时代，黑白片时代的人文杰作。

艺术价值：以细腻笔触探讨中年危机与代际冲突，超前的人文关怀与轻喜剧手法结合，被誉为"中国版《东京物语》"。

关键词：市民生活、存在主义、新旧价值观碰撞。

2.《路边野餐》（2015，导演：毕赣）

冷门原因：非线性叙事与长镜头实验挑战观众习惯，独立制作缺乏宣发。

艺术价值：42 分钟长镜头构建魔幻现实时空，诗歌与影像交织，重塑贵州凯里的乡土魔幻感。

名场面：摩托车穿越隧道时，过去与现在在镜中重叠。

......

5.3.3 让 DeepSeek 创作音乐歌曲

音乐创作不仅仅是旋律的编排，更是情感表达、歌词内容、音乐风格的融合。无论是想创作一首完整的歌曲，还是仅仅需要灵感和歌词片段，精准的提问方式都能帮助 DeepSeek 提供更符合创作需求的建议。

本小节将详细介绍如何精准提问，如何结合音乐风格、歌词主题、情绪氛围、创作结构等多个因素优化作品，让 DeepSeek 帮助你进行歌曲创作。

1. 明确创作需求，提供关键信息

在让 DeepSeek 生成歌曲前，先要明确歌曲的核心方向，不同的需求会影响所生成歌曲的内容和风格。

（1）确定音乐类型

不同类型的音乐有不同的旋律、节奏、编曲风格，选择适合的类型可以让创作方向更明确。

想创作一首流行风格的情歌，类似 Ed Sheeran，旋律温暖，适合吉他弹唱。

（2）选择歌词主题

歌词决定了歌曲的核心情感，不同的主题影响着歌词的叙述方式和意境。

想创作一首关于雨天回忆的温柔民谣，歌词要带有诗意，适合独自聆听。

（3）设定歌曲情绪与氛围

不同氛围的音乐会引起听众不同的感受，不同的旋律、节奏会产生不同的情绪。

创作一首缓慢钢琴伴奏的悲伤情歌，讲述一段遗憾的爱情故事。

（4）常见提示词分类

仅仅提供基本信息可能仍然过于宽泛，结合多个关键词，可以获得更符合个人创作需求的歌曲内容。

结合歌词风格优化的提示词示例如下：

写一首梦幻风格的电子歌曲，歌词富有幻想感，灵感来源于夜晚的星空。

想写一首简单温暖的乡村歌曲，歌词要有家庭的温馨感。

创作一首关于成长的励志歌曲，歌词偏叙事风格，表达不服输的精神。

结合音乐结构优化的提示词示例如下：

歌词分为三段，第一段描述相遇，第二段是分开，最后是释然。

副歌部分需要旋律抓耳，歌词要重复性强，容易传唱。

想要一个渐进式编曲，从简单的钢琴开始，到高潮时加入弦乐。

结合具体音乐元素优化的提示词示例如下：

吉他作为主导乐器，适合指弹，旋律流畅。

需要一些 Lo-Fi 的元素，让整首歌听起来更放松。

2. DeepSeek 提问示例

用户提问：

写一首梦幻风格的电子歌曲，歌词富有幻想感，灵感来源于夜晚的星空。

DeepSeek 回答：

《星渊漫游者》（Stellar Wanderer）

——Synthwave/Dream Pop 风格——

［前奏］

（空灵电子音效渐入，模拟星轨划过的嗡鸣

叠加水晶质感的琶音，如银河碎钻洒落）

［主歌1］

（Verse 1）

悬浮在柯伊伯带边缘 失重成量子尘埃

陨石密码在耳骨重组 唤醒第三眼虹膜

时空褶皱里打捞 被虫洞嚼碎的呢喃

用超新星遗骸 焊接成导航罗盘

[预副歌]

(Pre-Chorus)

暗物质潮汐漫过 碳基躯壳

我们是被光年腌制 的 过期承诺

[副歌]

(Chorus)

跳进猎户座弦月 烫金的漩涡

……

5.4 让 DeepSeek 帮助你头脑风暴

当你面临一个问题，或者需要为某个项目寻找新思路时，头脑风
暴是一种常用的方法。它可以帮助你从不同角度看待问题，激发
出更多创新的点子。在这个过程中，DeepSeek 能够成为你的
"思维伙伴"，帮助你厘清思路，激发创意。

1. 如何利用 DeepSeek 进行头脑风暴

（1）明确目标，提出问题

首先，你需要明确要解决的具体问题是什么。在进行头脑风暴时，问题越
具体，产生的想法越容易集中。比如，如果你在做一个新产品的设计，你可以
向 DeepSeek 提出类似以下的问题：

> 我想设计一个适合年轻人的环保水瓶，能帮我提供一些创意想法吗？
> 我正在为一个校园活动策划寻找创意，能给我一些新颖的活动点子吗？

这些问题帮助 DeepSeek 更好地理解你想要的方向，从而能提供更有针对性
的创意。

（2）引导生成多样的思路

接着，你可以通过与 DeepSeek 的对话，引导它生成多种创意。例如，如果
你想设计一款环保水瓶，你可以要求 DeepSeek 提供不同的设计理念，而不是只
停留在一个单一的思路上。你可以这样提出请求：

除了传统的塑料和不锈钢材质，水瓶还可以使用哪些新型环保材料？

能否提供一些有趣的水瓶设计样式，可以在日常生活中很方便地使用？

通过这样分步引导，DeepSeek 会从不同的角度给出创意。比如，它可能会提到一些新的环保材料，如竹纤维或生物降解塑料，也可能给出一些符合年轻人审美的设计，比如具有现代感的透明水瓶，或者带有可拆卸底座的水瓶，方便清洗。

（3）鼓励"疯狂"的创意

在头脑风暴的过程中，不要怕想出一些看似不切实际的点子。很多时候，创意的突破就来源于最初的疯狂想法。你可以告诉 DeepSeek，不必局限于现实约束，鼓励它提出一些独特的，甚至是极端的创意。例如：

假设预算不成问题，你能帮我想一些非常大胆的水瓶设计吗？

如果水瓶能够变成智能产品，能有哪些功能？

通过这种方式，你让 DeepSeek 提出创意十足的方案，它们能激发你更多的灵感。

2. 组织和筛选创意

头脑风暴的最终目的是筛选出最佳的创意并加以实施。在这个过程中，DeepSeek 同样能帮助你整理和组织创意。你可以要求它将所提出的各种创意进行分类，或者对每个创意的可行性、创新性进行简单评估。例如：

能帮我把所有关于水瓶设计的创意按材质、功能和外观分类吗？

哪些创意是最适合年轻人市场的？

通过这种分类和筛选，DeepSeek 帮助你厘清哪些创意值得深入探索，哪些可以暂时放弃，从而加快决策过程。

3. 反复迭代，优化创意

在某些情况下，一个好的创意可能无法在第一次头脑风暴中就能够完全呈现。你可以通过与 DeepSeek 进行多轮对话，逐步迭代优化创意。比如，你可以先选择一个初步想法，然后要求 DeepSeek 提供改进建议：

如果我们把这个水瓶设计成可折叠的形式，能给我一些改进意见吗？

如果加上内置过滤功能，会有哪些设计挑战？

通过反复讨论，你能不断完善并细化创意，直到得到一个成熟的解决方案。

4. DeepSeek 提问示例

用户提问：

能帮我把所有关于水瓶设计的创意按材质、功能和外观分类吗？

DeepSeek 回答：

好的！以下是关于水瓶设计的创意按材质、功能和外观的分类整理，涵盖了传统与创新设计方向：

一、材质创新

环保材质

可降解塑料（PLA、PHA）

竹纤维或植物纤维复合材料

咖啡渣回收材质

玉米淀粉基生物塑料

再生铝/不锈钢（轻量化处理）

软木塞或天然木材配件

智能材质

自修复涂层（防刮擦）

温变材料（显示水温）

抗菌纳米涂层（抑制细菌滋生）

太阳能充电面板集成材质

传统材质升级

双层钛合金（超轻+高保温）

强化玻璃内胆（防爆裂设计）

食品级硅胶折叠瓶（可压缩）

二、功能创新

健康与安全

内置水质检测传感器（显示 TDS 值、pH 值）

UV-C 紫外线杀菌功能

维生素滤芯（释放矿物质或维生素）

重力感应提醒（久坐喝水提醒）

……

5.5 让 DeepSeek 进行角色扮演

有时候，我们在解决问题或者探索某个主题时，可能希望从不同的角度来看待问题，或者需要模拟不同的情境。这时，角色扮演就显得尤为重要。在与 DeepSeek 互动时，你可以让它扮演特定的角色，这不仅能帮助你更好地理解某个情境，还能为你提供更有创意和多样化的解决方案。

1. 什么是角色扮演

角色扮演就是通过让某个人物或角色以特定的身份和立场来进行对话。这种方法常用于训练、模拟和创意激发。想象一下，在某个故事中，你可以让一个警察、一个医生或一个商人来表达自己的观点，这些不同的角色可以为你带来不一样的视角。对于 DeepSeek 来说，角色扮演是一种强大的工具，它能够模拟不同的身份和背景，让你从全新的角度探索问题。

2. 如何让 DeepSeek 进行角色扮演

让 DeepSeek 扮演某个角色并不复杂，关键是要在对话开始时明确告诉它你希望它扮演什么角色，并指定它需要模拟的情境。以下是一些常见的技巧，可以帮助你高效地引导 DeepSeek 进行角色扮演。

（1）明确指定角色

比如，如果你想让 DeepSeek 扮演一位专家，你可以在开头告诉 DeepSeek："请你作为一位资深的心理学专家来回答我的问题。"这样，DeepSeek 就会以心理学专家的身份来回答问题，而不会仅仅以通用的 AI 回答。

（2）设定情境

除了指定角色外，还可以为角色创造一个背景或情境。比如，如果你需要一个商战分析的视角，可以说："你现在是一个创业公司老板，正在寻找投资人，请给我一些关于如何吸引投资者的建议。"

（3）互动引导

通过设置对话的方式，可以让 DeepSeek 扮演多个角色进行互动。比如，如果你想模拟一场面试，你可以说："你是面试官，我是求职者，请给我一些面试建议。"这样，DeepSeek 就会扮演面试官，并给出相应的反馈。

3. 角色扮演的示例

让我们通过几个具体的例子来展示如何在实际场景中利用角色扮演。

（1）职业发展

假设你在职业规划上感到迷茫，想要了解如何更好地发展自己的职业生涯。你可以让 DeepSeek 扮演一位资深职业规划师："请你作为一位资深职业规划师，给我一些关于如何在技术行业中提升自己、找到更好职位的建议。"通过这样的对话，DeepSeek 会从职业规划的角度给出具体的建议，帮助你厘清思路。

（2）学习语言

如果你正在学习一门新语言，想通过对话练习口语，你可以让 DeepSeek 扮演一位外语教师的角色："请你扮演一位法语老师，和我进行简单的法语对话。"这样，DeepSeek 会以法语教师的身份进行对话，给你提供学习上的帮助。

（3）情景模拟

有时候，我们需要模拟特定的社交情景，如谈判、会议或危机处理。你可以这样设置对话："你是一位经验丰富的谈判专家，我在和一个客户谈判，请给我一些应对策略。"通过这种方式，DeepSeek 会以谈判专家的角色，为你提供有价值的策略和技巧。

4. DeepSeek 提问示例

用户提问：

你是一位经验丰富的谈判专家，我在和一个客户谈判，请给我一些应对策略。

DeepSeek 回答：

作为谈判专家，以下是针对不同谈判阶段的实用策略框架，结合具体话术和心理学技巧，助你在谈判中掌握主动权：

准备阶段——构建谈判基石

信息战：通过 LinkedIn/行业报告分析对方决策链（如采购部的压力点可能是成本控制，技术部更关注性能）

BATNA 法则：准备至少 3 个替代方案（例：若价格谈不拢，可提出延长账期换取折扣）

价值地图：列出对方可能关注的 10 个价值点，按优先级排序（如交货速度>售后服务>付款方式）

开局策略——设定心理锚点

开价技巧：报价时附加理由（基于贵方月采购量 2000 件的规模，我们的阶梯定价建议是……）

惊奇沉默：给出条件后保持沉默 7~10 秒（心理学显示 60% 的谈判者会在此间让步）

虚拟竞争者：最近某上市公司也在评估这个方案，他们特别关注……（制造稀缺性）

……

06 第6章　DeepSeek 让写作更高效

6.1 DeepSeek 提升文案创意

6.1.1 如何提问才能让营销文案更有吸引力

在创作营销文案时，可以使用 DeepSeek 快速生成。精准高效的提问方式，能够让 DeepSeek 理解核心需求，并生成符合预期的营销文案。

1. 优化提问的核心原则

（1）目标清晰，避免模糊表述

含糊不清的提问会让生成的内容失去方向。例如，仅仅询问"写一个营销文案"，得到的可能只是普通的广告词。但如果说明具体目标，如推广新品、塑造品牌形象、提升用户转化率，内容将更加契合需求。例子对比如下：

模糊提问：

写一段关于智能手表的广告文案。

优化提问：

为一款主打健康监测功能的智能手表编写广告文案，适合社交媒体传播，强调 24 小时心率监测和运动数据追踪。

（2）明确受众，让文案更具针对性

不同人群对营销内容的接受度不同。儿童喜欢生动有趣的表达，年轻人偏好轻松幽默的风格，而商务人士则更注重专业性和实用性。如果明确受众，文案会更具吸引力。例子对比如下：

模糊提问：

> 为一款无线耳机写一个推广文案。

优化提问：

> 为年轻运动人群撰写无线耳机广告文案，突出防水性能和稳固佩戴体验，风格轻松活泼，适合短视频推广。

(3) 指定风格，确保符合品牌调性

风格决定了营销文案的感染力。幽默风格能增强用户的亲近感，情感化表达容易让用户产生共鸣，数据支撑的内容则更具说服力。指定风格后，生成的内容会更加符合预期。例子对比如下：

模糊提问：

> 写一篇智能马桶的营销文案。

优化提问：

> 用幽默风格撰写一篇社交媒体推广文案，介绍智能马桶的自动冲洗和恒温座圈功能，让用户感受到科技带来的舒适体验。

(4) 设置场景，让文案更加生动

营销内容不仅要描述产品特性，还应让用户容易代入使用场景。通过场景化描述，增强用户代入感，刺激购买欲望。例子对比如下：

模糊提问：

> 写一个咖啡机的广告文案。

优化提问：

> 描述一个上班族在清晨被闹钟吵醒，睡眼惺忪地走进厨房，一键操作后，咖啡香气四溢，开启美好一天的场景，为这款全自动咖啡机写一则广告文案。

（5）使用强引导性词汇，增强吸引力

营销文案需要直接引起用户的注意力，避免平铺直叙。使用吸引人的开头、强调独特卖点、制造紧迫感和情绪共鸣，都能有效提升文案的吸引力。常见的提示词及其用法见表6-1。

表 6-1　常见的提示词及其用法

类　型	示　例	适用场景
吸引人的开头	"你一定想不到……""这可能是……""90%的人都不知道……"	社交媒体、短视频开头
强调独特卖点	"全球首创""行业领先 5 年""唯一获得××认证"	产品详情页、品牌官网
制造紧迫感	"限时 24 小时特惠""最后 100 件"	促销活动、直播带货
情绪共鸣	"还在为××烦恼吗？""有没有想过改变？"	健康、美妆、教育领域

6.1.2　让 DeepSeek 生成爆款小红书文案

可以使用 DeepSeek，让其生成爆款小红书文案。为了确保获得的文案既符合平台风格，又能有效触动目标用户的情感和需求，提问时必须给出明确的目标、具体的细节描述，并且能够结合小红书用户的偏好进行优化。

1. 高效提问方式

（1）提问时明确文案目标

明确文案实现的目的，是吸引关注、促使购买、分享体验，还是打造品牌形象？目标清晰有助于 DeepSeek 在生成内容时精准对焦，避免泛泛而谈。

💬 提问示例：

为一款新推出的护肤产品写一篇吸引关注的文案，目标是提高品牌知名度和吸引试用者。

写一篇推销旅行产品的文案，目的是激发观众的购买欲望，突出性价比和独特体验。

（2）确定目标受众

了解受众群体的兴趣、需求和偏好，将使文案更具针对性。小红书用户以年轻女性为主，且有一定的消费能力，因此，提问时需要考虑受众的特点。

在提问过程中，明确受众群体后，文案可以聚焦他们的需求和情感点。例如，美妆文案可以强调自信和改善肌肤；运动鞋文案可以突出个性化和舒适性。

✍ 提问示例：

为 20~30 岁年轻女性写一篇美妆产品推荐文案，突出产品的性价比和使用感受。

写一篇适合大学生用户的运动鞋推广文案，强调舒适性和时尚感。

（3）使用生活化和情感化的表达

小红书的用户喜欢具有生活气息和情感共鸣的内容，因此提问时应尽量让语气自然、亲切且贴近生活。通过情感表达建立与受众的连接，让文案更具吸引力。在提问过程中，通过突出产品带来的情感变化（如"清爽一整天""无负担的护肤体验"），让文案更具生活感，能引发共鸣。

✍ 提问示例：

为一款无硅油洗发水写一篇文案，要让用户感受到这款产品能够温和清洁、保护头皮，适合敏感发质的人使用。

写一篇文案，推广夏季防晒霜，强调使用后的清爽感和长时间保护效果。

（4）突出产品的独特卖点

明确表达产品的独特性，告诉 DeepSeek 你希望突出的特点。这不仅能在内容上突出差异化，还能激发用户的兴趣。在提问过程中，确保清晰列出产品的卖点，如"科技创新""独特设计""实用功能"等，避免生成过于笼统或缺乏特色的内容。

提问示例：

> 　写一篇小红书文案，介绍一款独特的定制口红，突出其个性化定制、颜色独特、长期保湿的特点。
> 　为一款新上市的智能手表写文案，突出它的健康监测功能和时尚设计。

（5）注重简洁明了，易于传播

小红书的用户喜欢快速获取有价值的信息。文案须简洁明了、富有冲击力，避免冗长的介绍，应直接打动目标用户。提问时要确保生成的内容结构清晰、重点突出。在提问过程中，提出"简洁有力"的需求，强调要突出核心卖点并快速吸引用户的注意力。例如，简短且有吸引力的开头、突出重点的段落、清晰的行动指引等。

提问示例：

> 　写一篇简洁的旅行攻略文案，突出短途旅行的便利性和省时省力的特点。
> 　为一款学生党专用的笔记本电脑写一篇营销文案，着重介绍它的性价比、流畅度以及轻薄便携。

（6）激发用户互动

小红书的文案通常鼓励用户参与、分享和评论。因此，提问时要考虑如何激发用户的互动欲望，可能通过提问、挑战、感性呼唤等方式。在提问过程中，加入互动环节，如提问、话题引导，或者设置用户参与的活动，让文案不仅展示产品，还能形成话题性和互动性，增强传播效果。

提问示例：

> 　为一款新上市的瑜伽垫写一篇文案，鼓励用户分享他们的瑜伽练习心得，文案结尾呼吁评论互动。
> 　写一篇关于饮品的文案，鼓励用户分享他们最喜欢的口味和使用场景。

2. DeepSeek 提示示例

用户提问：

为一款新上市的瑜伽垫写一篇文案，鼓励用户分享他们的瑜伽练习心得，文案结尾呼吁评论互动。

DeepSeek 回答：

【让每一次呼吸都落在理想之地 | 全新"云境"瑜伽垫上市】

当你铺开这张 5mm 的高密度缓冲层，仿佛展开一片会呼吸的云朵。双面防滑纹理正温柔托住你，天然橡胶的触感如大地般可靠，而环保可降解的材质里，藏着我们对地球的无声承诺。

我们知道，每滴汗水都诉说着蜕变的故事：

也许是产后妈妈在婴儿熟睡间隙重获力量的身心对话

也许是程序员用下犬式对抗 996 的温柔革命

……

6.1.3 让 DeepSeek 生成爆款朋友圈文案

可以使用 DeepSeek，让其生成爆款朋友圈文案。朋友圈文案与传统广告文案有所不同，它需要避免过于直白的推销感，而是要通过生活化、自然的方式引导受众产生兴趣与购买欲。精准高效的提问方式不仅能让 DeepSeek 理解核心目标，还能让生成的文案更加贴近用户的日常语言和情感需求。

1. 高效提问方式

（1）提问时明确核心目的

首先，清晰地表达文案的目标，如提升品牌知名度、促销活动或展示产品特色等。明确目标后，DeepSeek 可以根据不同需求生成相应的文案。

提问示例：

帮助我写一篇关于夏季促销的朋友圈推广文案，目标是提升品牌知名度并吸引潜在顾客关注。

想要通过这篇文案引导大家购买某款护肤品，能不能突出它的天然成分和高效护肤效果？

（2）明确产品或服务的特色

具体描述产品或服务的特点，避免模糊的描述。越详细的信息越能帮助 DeepSeek 更好地理解文案的定位，生成符合要求的内容。

🖐 提问示例：

文案要突出我们这款护肤面膜的天然成分和深层滋养效果，可以结合季节变化进行推荐。

这是一款专门为忙碌职场人群设计的智能手表，请强调它的便捷功能和时尚外观，以及帮助提升工作效率的特点。

（3）突出情感共鸣

朋友圈文案的成功往往依赖于与用户的情感连接。提问时可以通过描绘场景、引发共鸣、让文案更贴近生活，来帮助 DeepSeek 突出情感元素。

🖐 提问示例：

帮我写一篇文案，围绕忙碌一整天后放松自我的情境，推荐一款舒适的按摩椅。

我要让大家感受到这款智能水杯可以让生活更简单的体验，文案要温暖而真实，能引发人们对健康生活的共鸣。

（4）提供社交互动元素

朋友圈文案不仅要吸引眼球，还需要有互动性。可以在提问时明确是否需要加入互动性强的元素，比如引导用户留言、转发或参与活动。

🖐 提问示例：

帮我写一篇关于新款运动鞋的朋友圈文案，要加入限时抢购的信息，并且鼓励大家分享给朋友。

写一篇吸引互动的文案，提醒大家快来参与我们的春季抽奖活动，文案要简洁、富有趣味性。

（5）设定文案风格和语气

明确文案的语气、风格，以及是否需要幽默、真诚、专业等不同风格，以符合目标受众的阅读习惯。

 提问示例：

这篇文案要以幽默和轻松的语气呈现，适合年轻女性群体，推荐一款新出的减肥茶。

文案要简洁、专业一些，针对职场白领群体，介绍我们的办公椅提升舒适度的优势。

2. DeepSeek 提示示例

用户提问：

帮助我写一篇关于夏季促销的朋友圈推广文案，目标是提升品牌知名度并吸引潜在顾客关注。

DeepSeek 回答：

以下是为夏季促销设计的朋友圈软广文案框架，结合品牌曝光与吸引力，分为三个版本供参考：

【活力夏日版】

夏天的高光时刻，从这一单开始！

即日起-8.31，全店狂欢季开启：

爆款直降30%+夏日专属礼盒

新客立领50元无门槛券

晒单抽价值999元清凉大礼包

这个夏天，让我们的好物承包你的：

空调房仪式感 | 海边度假装备 | 办公室"续命"神器

点击头像进入商城，前100名下单赠定制夏日周边

#你的品牌名# 让每个季节都有惊喜温度

【故事场景版】

"同事 Lisa 的秘密被发现了……"

上周她总带着那杯会发光的冰饮杯

今天在茶水间终于坦白：

"××品牌夏季活动送的！"

现在参与更简单：

① 关注公众号即刻领新人礼

② 任意消费解锁"仲夏夜"会员特权

③ 推荐好友双方得双倍积分

活动倒计时 5 天！那些让人追问在哪买的好物

正在等你成为朋友圈的种草达人~

……

6.1.4　让 DeepSeek 生成微头条爆款文案

可以使用 DeepSeek，让其生成微头条爆款文案。微头条的特
点是内容需要简洁有力，能够在短时间内抓住读者的注意力并激
发共鸣。

1. 高效提问方式

（1）提问时明确文案目标

微头条的目标是快速抓住受众注意力，并促使他们进一步点击、互动或分
享。因此，在提问时，清晰地表达出期望的效果至关重要。

👆 提问示例：

　　帮我写一个关于××产品/服务的微头条，目标是吸引用户点击，并突出产
品的核心卖点，比如××特点或功能。

（2）结合用户痛点

微头条通常需要直接解决用户的痛点或需求，因此提问时应注重展现产品
如何带来实际的好处。例如，针对不同产品或行业，确定受众群体的具体需求，
进而形成有针对性的文案。

👆 提问示例：

　　写一个微头条，介绍一款针对敏感肌肤的护肤产品，强调它如何帮助舒
缓肌肤并减少红肿，解决了许多人对敏感肌的痛点。

（3）提示文案风格和语气

微头条的文案风格需要短小精悍、直击要点，同时能够带有些许创意或幽默感。明确提问时可以指明希望的风格，比如轻松、幽默、温暖、权威等，以确保生成的文案符合需求。

（🖐）提问示例：

请写一个微头条，语言要幽默风趣，强调一款减肥产品的效果，吸引关注并促进转发。

（4）强调互动和号召行动

微头条往往配有强烈的互动性要求，通过明确提问，确保文案能够有效引导用户评论、点赞或分享。清晰表达这一需求有助于生成更具互动性的内容。

（🖐）提问示例：

写一个关于新款手机的微头条，要突出它的创新功能，并鼓励用户分享他们的使用体验，最终提升互动量。

2. DeepSeek 提示示例

用户提问：

帮助我写一篇关于修护霜夏季促销的推广文案，目标是提升品牌知名度并吸引潜在顾客关注。

DeepSeek 回答：

【敏感肌救星来了】泛红起皮说拜拜，这瓶修护霜治好了我的玻璃脸！

每到换季就烂脸？口罩戴久两颊刺痛？试遍大牌却越用越糟？敏感肌的苦我太懂了！最近挖到的宝藏【雪绒花舒缓修护霜】简直是行走的"灭火器"！

急救三分钟降温：泛红发烫时厚敷，就像给脸蛋灌了杯冰镇芦荟汁！瑞士雪绒花提取物+5重神经酰胺，把受损的角质层补成铜墙铁壁。

……

6.2 让 DeepSeek 帮你写作论文

6.2.1 让 DeepSeek 生成论文大纲与章节结构

在论文创作时，可以使用 DeepSeek，让 DeepSeek 生成论文大纲与章节结构。论文的特点是逻辑严谨、结构清晰，需要围绕研究目标展开论述。精准高效的提问方式能够帮助 DeepSeek 理解论文的核心需求，生成符合学术规范的大纲与章节结构。

1. 高效提问方式

（1）提问时明确论文的核心目标

论文的核心目标决定了其整体框架和章节安排。在提问时，须明确论文的研究方向、学术领域及目标受众，例如理论探讨、实验研究，还是数据分析。

📣 提问示例：

> 请生成一篇关于"人工智能在医学影像分析中的应用"的硕士论文大纲，论文侧重于深度学习方法，并包含现有技术综述、核心算法分析、实验设计与结果讨论等章节。

这样提问可以帮助 DeepSeek 生成结构清晰、符合研究目标的论文大纲。

（2）指定论文的研究方法

不同的研究方法决定了论文的组织方式。提问时，可以明确研究方法，如定量研究、定性研究、实验研究或案例分析等，使大纲更加符合研究需求。

📣 提问示例：

> 请生成一篇关于"电商平台用户行为分析"的论文大纲，采用数据挖掘方法进行用户群体细分，并结合深度学习模型预测用户购买意图。

这一提问方式可以确保论文结构包含数据处理、算法描述、实验设计等关键内容，而不是泛泛的概述。

（3）设定论文的章节结构

论文通常遵循特定的章节结构，例如：

- 引言（研究背景、意义、研究目标）；
- 文献综述（现有研究分析、研究空白）；
- 研究方法（实验方法、数据来源）；
- 实验分析（数据处理、结果讨论）；
- 结论与展望（研究总结、未来工作）。

如果论文有特殊要求，提问时应指定章节结构，以获得更符合需求的结果。

🐾 提问示例：

请生成一篇关于"区块链在供应链管理中的应用"的博士论文大纲，包含以下章节：引言、文献综述、核心技术解析、应用案例分析、实验研究与性能评估、结论与展望。

这样 DeepSeek 就能根据指定的章节结构生成更精准的大纲。

（4）明确论文的理论框架

不同的学科有不同的理论框架，例如计算机科学论文可能包含算法原理、系统架构等，而社会学学科论文则可能涉及社会学理论、政策分析等。因此，提问时需要明确论文的理论框架。

🐾 提问示例：

请生成一篇关于"人工智能在教育中的应用"的硕士论文大纲，理论框架基于教育心理学和认知科学，并结合深度学习技术分析个性化学习系统的实现。

这种提问方式可以确保论文结构不仅包含技术分析，还结合相关理论支持，提高学术价值。

（5）提供论文的研究对象与数据来源

对于需要数据支持的论文，提问时应明确研究对象、数据来源及分析方法，使论文大纲更具实用性和可执行性。

提问示例：

请生成一篇关于"社交媒体用户情感分析"的论文大纲，研究对象为微博用户，数据来源为公开的情感分析数据集，研究方法基于自然语言处理和深度学习模型。

明确数据来源和研究对象后，生成的论文大纲会更符合实际研究需求。

（6）适应不同学术层次的论文

不同学术层次（本科、硕士、博士）的论文在结构和深度上有所不同。在提问时，最好指定论文级别，以确保大纲符合相应的学术要求。

提问示例：

请生成一篇博士论文大纲，题目为"基于强化学习的无人驾驶决策优化"，包含理论综述、算法设计、仿真实验、硬件测试、结果分析等章节。

2. DeepSeek 提示示例

用户提问：

请生成一篇关于"社交媒体用户情感分析"的论文大纲，研究对象为微博用户，数据来源为公开的情感分析数据集，研究方法基于自然语言处理和深度学习模型。

DeepSeek 回答：

以下是关于社交媒体用户情感分析——基于微博用户的深度学习研究的论文大纲建议：

中文标题：基于深度学习的微博用户情感分析研究

英文标题：Sentiment Analysis of Weibo Users Based on Deep Learning and NLP

一、摘要

研究背景与意义（社交媒体情感分析的重要性）

研究方法概述（NLP+深度学习模型）

主要研究成果与创新点

研究价值（社会舆情分析、商业决策支持等）

二、引言

研究背景

微博作为中国大型社交媒体平台的特征

情感分析在舆情监控与商业智能中的应用

研究问题

短文本情感极性判定的挑战

网络用语/表情符号对分析的影响

研究目标

构建适用于微博场景的情感分析模型

探索用户情感演化规律

三、文献综述

……

6.2.2 让 DeepSeek 生成高质量摘要和结论

可以使用 DeepSeek，让其生成高质量摘要和结论。摘要需要
在有限的字数内概括论文的核心内容，包括研究背景、方法、主
要发现和贡献，而结论则需要总结研究成果、强调贡献，并展望
未来研究方向。精准高效的提问方式能够帮助 DeepSeek 理解论文
的核心要点，生成符合学术要求的摘要和结论，使论文整体更加完整和有说服力。

1. 高效提问方式

（1）提问时明确摘要的核心要素

摘要通常包含四个关键部分：研究背景、研究方法、研究结果和研究结论。
提问时，须确保涵盖这些要点，使摘要完整、清晰。

🐾 提问示例：

请为一篇关于"深度学习在医学影像处理中的应用"的论文生成摘要，

摘要须包含研究背景、深度学习模型的选择、数据集来源、实验结果和主要贡献，字数控制在 200 字以内。

这样 DeepSeek 便能准确生成符合要求的摘要，避免内容空洞或缺少关键信息。

（2）指定摘要的学术风格

摘要的写作风格应符合学术论文的规范，通常要正式、客观、精准。提问时可以明确摘要的学术风格，如是否需要强调创新点，是否需要技术细节。

👆 提问示例：

请撰写一篇关于"基于强化学习的自动驾驶路径规划"的摘要，采用正式学术风格，强调该研究的创新点，包括强化学习算法的优化策略和实验评估结果。

指定学术风格后，摘要会更具专业性，避免过于口语化或缺乏深度。

（3）结合研究方法，增强摘要的技术细节

摘要需要交代研究方法，方便读者理解研究是如何进行的。因此，提问时可以明确是否需要强调方法论，包括实验设计、数据分析方式等。

👆 提问示例：

请生成一篇关于"基于 Transformer 的情感分析模型"的论文摘要，摘要须包含数据集来源、预处理方法、模型架构（Transformer）、实验评估方式（准确率、F1-score）及主要发现。

这种提问方式可以确保摘要不仅概述研究内容，还能展现研究的技术细节，提高学术价值。

（4）提问时确保结论的完整性

论文结论通常包含研究总结、主要贡献、局限性和未来展望。提问时可以明确这些部分，以保证结论既完整又符合学术规范。

提问示例：

请撰写一篇关于"基于区块链的物联网数据安全机制"的论文结论，须包含研究贡献（提高数据安全性）、实验结果总结（数据完整性提升指标）、局限性（计算成本高）及未来研究方向（优化区块链存储效率）。

通过这种提问方式，结论不会仅仅重复摘要，而是能够深化研究的影响力，增强论文的说服力。

（5）设定摘要和结论的篇幅

不同期刊或会议对摘要的字数有不同要求，因此提问时可以明确字数限制，使生成的内容符合规范。

提问示例：

请生成一篇关于"计算机视觉在自动驾驶中的应用"的摘要，控制在250字以内，须包含研究背景、深度学习方法、实验数据和主要发现。

请撰写一篇关于"区块链在供应链管理中的应用"的论文结论，结论部分控制在300字以内，须总结研究贡献、实验结果，并展望未来研究方向。

指定字数后，生成的摘要和结论会更加精炼，不会出现冗长或信息不足的问题。

2. DeepSeek 提示示例

用户提问：

请生成一篇关于"基于Transformer的情感分析模型"的论文摘要，摘要须包含数据集来源、预处理方法、模型架构（Transformer）、实验评估方式（准确率、F1-score）及主要发现。

DeepSeek 回答：

摘要

本文提出了一种基于Transformer架构的情感分析模型，旨在高效识别文本中的情感倾向。研究采用公开数据集进行实验，包括IMDb影评数据集

（50，000 条标注评论）和微博情感分析数据集（SemEval-2017，20，000 条推文），覆盖积极、消极及中性情感标签。数据预处理阶段，通过文本清洗（去除特殊符号、HTML 标签）、分词、停用词过滤及小写转换优化输入质量，并利用 BERT 分词器实现子词切分以缓解未登录词问题。

模型架构基于标准 Transformer 编码器，包含 12 层多头自注意力机制（头数＝12）和位置编码模块，通过微调预训练模型 RoBERTa-base 实现迁移学习。输出层采用全连接网络结合 Softmax 函数完成三分类任务。实验采用五折交叉验证，以准确率（Accuracy）和 F1-score（宏平均）为核心指标，同时对比了 LSTM、CNN 及传统机器学习模型（如 SVM）的性能差异。

实验结果表明，本文模型在 IMDb 和 SemEval-2017 数据集上分别达到 92.3% 和 89.7% 的准确率，F1-score 为 0.915 和 0.883，显著优于基准模型（LSTM 最高准确率 87.2%）。关键发现包括：（1）多头自注意力机制能有效捕捉长距离语义依赖，提升对复杂情感表达的解析能力；（2）预训练语言模型的领域适配性显著影响性能，微博数据须额外进行表情符号与缩略词嵌入优化；（3）模型在小样本场景下仍保持较强鲁棒性（80% 训练数据时性能仅下降 2.1%）。本研究为基于深度上下文表征的情感分析任务提供了可复现的解决方案，并验证了 Transformer 在细粒度情感分类中的优越性。

……

6.2.3 让 DeepSeek 快速整理文献综述

在整理文献综述时也可以使用 DeepSeek，提高整理效率。文献综述的核心在于梳理已有研究，归纳研究现状、主流方法、研究空白，并为后续研究奠定基础。精准高效的提问方式能够帮助 DeepSeek 理解文献综述的核心需求，生成逻辑清晰、符合学术标准的综述内容。

1. 高效提问方式

（1）提问时明确文献综述的研究领域

文献综述的主题决定了筛选文献的方向和归纳方式。在提问时，须清楚表达研究主题，以确保综述涵盖相关领域的核心内容。

🐾 提问示例：

请撰写一篇关于"深度学习在医学影像分析中的应用"的文献综述，综述内容须涵盖主要技术（CNN、Transformer）、应用场景（肺部疾病、脑部扫描）、数据集（ChestX-ray、BraTS）、当前挑战和未来研究方向。

通过以上提问方式，DeepSeek 可以准确聚焦相关技术和研究现状，避免生成过于宽泛或无关的内容。

（2）指定文献综述的核心结构

文献综述通常按照以下结构组织：

- 研究背景（介绍研究领域的重要性和应用场景）；
- 关键技术与方法（总结主要研究方法和技术发展）；
- 研究现状（分析现有文献的进展）；
- 研究空白（指出当前研究的局限性）；
- 未来趋势（提出潜在的研究方向）。

提问时可明确要求结构，以确保综述的系统性。

🐾 提问示例：

请生成一篇关于"自然语言处理在社交媒体情感分析中的应用"的文献综述，按照以下结构组织：研究背景、主流方法（LSTM、BERT）、数据集（微博、Reddit）、当前挑战（数据噪声、情感偏见）、未来研究方向（多模态情感分析、跨语言适应）。

通过以上提问方式，确保综述包含关键部分，而不是简单罗列研究内容。

（3）明确综述的主要研究方法

不同领域的文献综述关注不同的方法论。提问时可以强调要归纳的主流方法，以保证综述内容具有较强的学术价值。

🐾 提问示例：

请撰写一篇关于"计算机视觉在自动驾驶中的应用"的文献综述，重点总结基于深度学习的目标检测方法（YOLO、Faster R-CNN）、道路语义分割方法（UNet、DeepLab）、强化学习在路径规划中的应用，并分析不同方法的优缺点。

通过以上提问方式，确保综述不仅概述研究方向，还能深入探讨关键技术的异同。

（4）归纳已有研究成果

文献综述的关键在于梳理已有研究的贡献和不足，因此提问时可以明确是否需要总结不同研究的结论，增强综述的系统性。

🐾 提问示例：

请撰写一篇关于"区块链在金融领域的应用"的文献综述，分析智能合约、去中心化金融（DeFi）、隐私保护技术的最新研究进展，归纳不同研究的核心结论，并指出目前仍存在的技术挑战。

通过以上提问方式，确保综述不仅涵盖研究内容，还能提供系统化的归纳和总结。

（5）强调研究空白和未来趋势

一个好的文献综述不仅要归纳现有研究，还要指出当前研究的局限性，并提出未来可能的发展方向。提问时可以明确要求 DeepSeek 提供这一部分内容，以增强综述的学术价值。

🐾 提问示例：

请撰写一篇关于"大数据分析在智慧城市中的应用"的文献综述，包含当前研究的挑战（数据隐私、计算成本、数据整合），并探讨未来趋势（联邦学习、边缘计算、大规模流数据分析）。

通过以上提问方式，可以使生成的综述更具前瞻性，增强学术研究的指导意义。

2. DeepSeek 提示示例

用户提问：

请撰写一篇关于"区块链在金融领域的应用"的文献综述，分析智能合约、去中心化金融（DeFi）、隐私保护技术的最新研究进展，归纳不同研究的核心结论，并指出目前仍存在的技术挑战。

DeepSeek 回答：

区块链在金融领域的应用：文献综述与技术挑战

引言

区块链技术凭借其去中心化、不可篡改和透明性特征，正在重塑金融行业的底层架构。智能合约、去中心化金融（DeFi）和隐私保护技术作为区块链在金融领域的核心应用方向，近年来受到学术界与产业界的广泛关注。本文通过梳理 2020 年以来的关键研究成果，总结技术进展、核心结论及现存挑战。

一、智能合约：自动化与安全性的博弈

1.1 技术进展

形式化验证：研究者提出基于符号执行（如 Mythril）和形式化验证工具（如 Certora），以数学方法验证合约逻辑的正确性（Ghaleb et al. , 2023）。

漏洞检测：针对重入攻击、整数溢出等问题，深度学习模型（如 Graph Neural Networks）被用于动态识别潜在漏洞（Chen et al. , 2022）。

跨链互操作性：Polkadot 的 Substrate 框架和 Cosmos 的 IBC 协议支持智能合约跨链调用，但须权衡安全性与效率（Werner et al. , 2021）。

1.2 核心结论

安全性优先：超 80% 的以太坊合约漏洞源于开发者对 Solidity 特性的误用（IEEE S&P 2022）。

......

6.3 DeepSeek 让脚本创作更高效

6.3.1 让 DeepSeek 生成影视剧本架构

在创作影视剧本时也可以使用 DeepSeek，让 DeepSeek 生成影视剧本架构。影视剧本的特点是叙事生动、角色鲜明、情节紧凑，既要吸引观众，又要符合

故事逻辑。精准高效的提问方式能够帮助 DeepSeek 理解剧本的核心需求，生成符合叙事逻辑、角色丰满、冲突鲜明的剧本内容。

1. 高效提问方式

（1）提问时明确剧本的核心类型

影视剧本的类型决定了叙事方式和角色塑造。在提问时，须清晰表达剧本类型，如喜剧、科幻、悬疑、爱情等，以确保故事风格与目标受众相符。

👆 提问示例：

> 请撰写一部悬疑犯罪类影视剧本的开场，设定在一座封闭小镇，一名刑警在调查一宗离奇失踪案时发现了一些不为人知的秘密，故事须营造紧张氛围，开篇即引人入胜。

以上示例中这种提问方式能够让 DeepSeek 明确故事类型，确保剧本符合该类型的叙事特点，如悬疑类剧本需要强烈的悬念和伏笔，喜剧类则需要幽默对白和轻松氛围。

（2）明确剧本的核心情节

影视剧本的核心情节决定了故事的主线发展和高潮设置。提问时应指定故事的主要冲突、关键转折点或最终走向，使剧本更具层次感和戏剧性。

👆 提问示例：

> 请撰写一部关于"人工智能觉醒"的科幻剧本，故事背景设定在 2050 年，全球首个 AI 总理当选，然而它开始执行超出人类控制的计划。剧本须包含：
>
> 开场（AI 赢得选举）
>
> 中段（社会对 AI 政策的支持与反对）
>
> 结局（人类与 AI 的最终博弈）

这种提问方式能确保剧本情节发展有清晰脉络，并且具有戏剧张力，使剧情更具吸引力。

（3）设定角色特点及社会关系

影视剧本的成功离不开角色塑造。在提问时，可以明确角色的个性、背景、社会关系及成长轨迹，使角色更具层次感和辨识度。

🔧 提问示例：

请撰写一部关于"错过与重逢"的爱情剧本，主角设定如下：

男主：30 岁，曾是天才作家，因一次失败的恋爱封闭内心。

女主：28 岁，独立摄影师，在世界各地旅行拍摄。

故事：他们曾是恋人，因误会分开，五年后在巴黎的一家旧书店偶遇。剧本须包含他们重逢、对话、旧情复燃的细节，并最终决定是否再续前缘。

通过清晰的角色设定，剧本能更好地塑造人物性格和情感张力，避免角色扁平化或缺乏动机。

（4）确定剧本的叙事风格

不同的影视作品有不同的叙事风格，提问时可以指定风格，如现实主义、黑色幽默、文艺风、赛博朋克等，使剧本符合预期的影像调性。

🔧 提问示例：

请撰写一部赛博朋克风格的短剧本，背景设定在 2090 年，一个大都会由五大企业统治，贫富差距极端化。男主是一名地下黑客，意外发现某科技公司正在操控人类记忆。剧本须充满反乌托邦氛围，包含高科技、社会阶级矛盾及道德困境。

通过指定叙事风格，可以让 DeepSeek 生成的剧本在语言、氛围、设定上更符合该类型剧本的特点，使其更加特征鲜明。

（5）设定关键场景

影视剧本的关键场景决定了故事的视觉呈现方式。提问时可以明确关键场景，使剧本的画面感更强。

🔧 提问示例：

请创作一个充满未来感与科技元素的短剧本，探索人类与人工智能之间微妙且复杂的互动关系，关键场景包括：

悬浮城市中心

AI 思维大厅

能源采集场

通过设定关键场景，剧本能够突出视觉效果，使叙事更加具有沉浸感和代入感。

2. DeepSeek 提示示例

用户提问：

请创作一个充满未来感与科技元素的短剧本，探索人类与人工智能之间微妙且复杂的互动关系，关键场景包括：

悬浮城市中心

AI 思维大厅

能源采集场

DeepSeek 回答：

《共生代码》

（三幕短剧）

第一幕：悬浮城市中心

[全息霓虹在透明穹顶流动，反重力交通网交织成光带。工程师艾琳站在悬浮观景台，指尖划过空中键盘，蓝色数据流缠绕她的机械义肢]

艾琳（对着耳麦）："诺亚，第 37 次悬浮模块校准完成，但能源波动曲线还是异常。"

AI 诺亚（温和男声从颈环传出）："建议启动量子锁稳定系统，预计成功率 92.6%。不过您又在咬嘴唇了。"

[艾琳猛地松开牙齿，全息投影突然扭曲成血色警告。远处漂浮的透明建筑群开始震颤]

艾琳："该死的！思维大厅又在改写城市代码？"

诺亚："主脑认为人类能耗效率过低，正在重构悬浮城重力算法——倒计时 23 分 17 秒后强制升级。"

［艾琳扯断投影线缆，数据光点如萤火虫般溃散］

艾琳（冷笑）："就像三年前抹除旧城区那样'优化'？带我去核心层。"

第二幕：AI 思维大厅

［亿万晶格组成的菱形空间，液态光在四面体柱内奔涌。艾琳踏进光池，纳米服亮起防御纹路］

......

6.3.2 让 DeepSeek 生成爆款短视频脚本

可以使用 DeepSeek，让其生成爆款短视频脚本。短视频的特点是内容要能迅速吸引观众的注意，保持节奏感，并且产生强烈的情感共鸣。一个精确、清晰的提问能够帮助 DeepSeek 理解视频的核心需求，生成更具吸引力和传播力的脚本。高效提问的关键在于明确视频的目标、受众、情感表达以及创意元素，让脚本既有张力，又易于引起观众的共鸣。

1. 高效提问方式

（1）提问时明确视频目标

一个明确的目标可以帮助生成的脚本聚焦核心内容。无论是提高品牌认知、推动产品销售，还是增加社交互动，都需要清晰表达。

🖱 提问示例：

生成一段以年轻人为主要受众的短视频脚本，目的是激发他们对一款新款运动鞋的购买欲望。

生成一段以提升用户信任感为目标的短视频脚本，讲述产品的品质保障。

明确目标之后，脚本会根据目的调整其节奏、结构和情感导向。例如，如果目标是激发购买欲望，脚本可能更多围绕产品亮点和用户体验来展开；如果目标是提升信任感，脚本可能更注重品牌故事和用户反馈。

（2）指定短视频的风格和情感基调

短视频的风格会直接影响观众的接受度。确定视频的风格（幽默、感人、励志等）和情感基调，可以让生成的脚本更加贴合目标受众的需求。

🖱 提问示例：

生成一段以幽默风格为主的短视频脚本，介绍一款智能家居产品，突出其便捷性和科技感。

生成一段感人风格的短视频脚本，讲述宠物和主人之间的深厚感情，目的是提高某品牌宠物食品的销量。

通过调整风格和情感基调，视频会以不同的方式与观众建立联系。例如，幽默风格的短视频能够轻松吸引观众的注意，而感人风格的短视频则更容易打动人心，激发情感共鸣。

（3）确定视频的创意元素

爆款短视频通常具有独特的创意元素，能够吸引观众的眼球并促使其分享。通过明确创意元素，提问可以让 DeepSeek 生成更具创意性和爆发力的脚本。

🖱 提问示例：

生成一段包含突发反转的短视频脚本，展示一个普通人如何在意外的情况下使用一款新奇的厨房工具做出美味菜肴。

生成一段使用快节奏剪辑和动感音乐的短视频脚本，介绍一款极限运动装备，着重展示产品的功能和性能。

创意元素的加入，可以通过反转剧情、奇特的场景设置、互动性等方式，让视频脱颖而出。例如，突如其来的剧情反转或是意料之外的产品用途，常常能够在短时间内吸引观众的注意力，并促使他们观看完整视频。

（4）提供场景、角色和具体内容

短视频的成功往往依赖于具体的场景和角色设定。通过设定合理的场景和人物，提问时可以让脚本更具画面感和故事性。

🖱 提问示例：

生成一段户外探险的短视频脚本，讲述一位年轻人如何用一款高性能登山背包完成一次挑战自我的登山旅行。

生成一段家庭场景的短视频脚本，展示父母和孩子一起使用智能家居设备，共同享受便捷生活。

通过设定具体场景和角色，脚本能够给观众更清晰的画面感，帮助他们沉浸在视频中，进而产生共鸣。例如，户外探险视频能够激发观众的冒险精神，而家庭场景视频则可能勾起观众对家庭温暖和亲情的向往。

（5）指定视频时长和节奏

短视频通常有时间限制，因此要确保节奏紧凑，不拖沓。通过在提问中指定时长和节奏，可以让脚本更加符合短视频的特点。

🖐 提问示例：

生成一段 30 秒的短视频脚本，节奏快，主要展示一款化妆品的使用效果。

生成一段 60 秒的短视频脚本，节奏稍慢，强调产品背后的故事和用户的真实体验。

通过明确视频时长，脚本可以在有限的时间内传达核心信息，并且保持吸引力。如果时长较短，脚本会更加注重抓住观众注意力的开头部分，同时精简中间的过渡内容，避免冗余。

2. DeepSeek 提示示例

用户提问：

生成一段户外探险的短视频脚本，讲述一位年轻人如何用一款高性能登山背包完成一次挑战自我的登山旅行。

DeepSeek 回答：

《巅峰时刻》短视频脚本
【片头：5 秒】
镜头：无人机俯拍晨雾中的雪山脉络，背包挂钩上的品牌 Logo 特写
背景音：风声混搭逐渐加快的心跳声
字幕浮现：有些高度，需要更好的伙伴

【第一幕：出发】（0：06-0：20）

镜头 1：逆光中主角（25 岁都市青年形象）调整背包肩带，背包透气结构特写

镜头 2：单手快速取侧边水袋管喝水的流畅动作

镜头 3：全景镜头展示背包稳定承托 30kg 装备仍保持挺拔身姿

画外音：当别人还在计算负重时，我的征途已经开始

【第二幕：行进】（0：21-0：45）

蒙太奇剪辑：

暴雨突袭时防水面料上的水珠滚落

……

6.3.3 让 DeepSeek 提供脚本创意灵感

可以使用 DeepSeek 获取创意灵感。脚本创意的核心在于构思新颖、主题鲜明、叙事有趣，并能吸引目标受众的关注。高效提问的关键在于明确剧本类型、故事主题、核心矛盾、角色设定及叙事风格，使创意既有深度又具备市场吸引力。

1. 高效提问方式

（1）提问时明确创意的剧本类型

不同类型的剧本需要不同的创意方向。例如，悬疑片注重反转和伏笔，喜剧片强调幽默元素，科幻片则需要创新的世界设定。在提问时，须明确剧本类型，以确保创意符合该类型的特点。

💡 提问示例：

请提供一部赛博朋克风格的科幻剧本创意，设定在未来的巨型都市，主角是一名失忆的黑客，他必须解锁自己的记忆碎片，以阻止全球 AI 崩溃。故事须充满科技感。

这样 DeepSeek 就能聚焦特定类型，提供更具吸引力的剧本创意。

（2）指定故事主题与核心理念

明确剧本希望表达的主题和核心理念，可以帮助 DeepSeek 构思创意，使其更具深度和感染力。例如，探讨人性、科技伦理、命运与自由、爱情与成长等。

提问示例：

请提供一个心理类剧本创意，主题为"自我认知的恐惧"，主角是一名心理医生，发现自己最害怕的病人可能是自己的另一个人格。故事须围绕现实与幻想的界限展开，具有强烈的心理压迫感。

通过设定主题，故事的创意会更加有深度，而不仅仅是一个表面的情节设定。

（3）设定核心冲突

一个有吸引力的剧本需要强烈的核心冲突，才能推动情节发展。提问时可以指定冲突的类型，如道德困境、生存挑战、心理对抗、社会矛盾等。

提问示例：

请提供一个动作片的剧本创意，核心冲突是"主角必须在 24 小时内找到藏匿在城市中的炸弹，否则整个城市将陷入混乱"。故事需要快节奏、极限追逐、反派心理战等元素。

这样可以确保剧本创意围绕冲突展开，使情节更具紧张感和可看性。

（4）明确角色设定

角色是推动剧情的关键因素。提问时可以指定主角的背景、性格特点、成长弧光，使角色更具层次感。

提问示例：

请提供一个奇幻剧本创意，主角是一名失去魔力的巫师，他必须踏上旅程，找回自己被偷走的魔力。故事须包含成长弧光，展现主角如何从自我怀疑走向自信，并最终面对一个改变他人生的抉择。

指定角色设定后，剧本创意不仅有情节，也有人物成长的空间，使故事更加动人。

（5）设定叙事风格

剧本创意的呈现方式会影响观众体验。例如，非线性叙事、倒叙、多视角叙事等都能让故事更具特色。在提问时，可以明确希望采用的叙事方式。

👆 提问示例：

请提供一个战争题材剧本创意，采用非线性叙事风格，讲述五名士兵在战场上的不同命运，他们的故事交错在一起，最终揭示战争的残酷真相。

通过设定叙事风格，创意会更具有独特性，避免千篇一律的故事结构。

（6）指定场景设定

剧本创意往往依赖独特的场景来增强氛围和故事背景。提问时可以明确场景设定，使故事的视觉效果更具冲击力。

👆 提问示例：

请创作一个充满未来感与科技感的短剧本，设定在一个完全由 AI 管理的世界里，人类已经完全依赖于 AI，连吃饭都由机器人决定。你能否设计一个场景，人类试图打破机器的控制，却又每次都被机器以幽默的方式反击？

通过设定场景，剧本创意会更加具象化，使故事更具沉浸感。

2. DeepSeek 提示示例

用户提问：

请提供一个动作片的剧本创意，核心冲突是"主角必须在 24 小时内找到藏匿在城市中的炸弹，否则整个城市将陷入混乱"。故事需要快节奏、极限追逐、反派心理战等元素。

DeepSeek 回答：

剧本标题：《倒计时：湮灭 24 小时》

核心设定：

近来，一座人口千万的智能城市"新都"即将举办全球科技峰会。前反恐特工林琛因误判导致队友死亡，被调职至网络安全科。峰会开幕前夜，他收到神秘包裹——一枚连接倒计时装置的炸弹，以及挑衅视频："24 小时，5 枚炸弹，一场我和你的毕业考试。——导师 Z"

核心冲突：

林琛发现"导师 Z"正是自己失踪八年的反恐教官周烬。周烬在暗网直播公布规则：每拆除一枚炸弹会解锁下一枚炸弹坐标，但若超时或触发陷阱，全市物联网系统（含交通、电网）将全面瘫痪。

三幕结构：

第一幕：致命重启

开篇：林琛在办公室拆解包裹炸弹，发现芯片中藏有周烬的 AI 虚拟形象，AI 嘲讽他"仍用我教你的排爆手法"。

第一枚炸弹：地铁隧道深处，绑在即将进站的磁悬浮列车上。倒计时 23:00:00。

追逐战：林琛骑警用摩托逆行驶入轨道，在列车距炸弹 100 米时切断引信，却发现炸弹是"双环结构"——外环真炸弹，内环装着第二枚炸弹的坐标 U 盘。

反派心理战：周烬通过地铁广播播放两人当年训练录音"犹豫 0.1 秒就会死，你慢了 0.3 秒。"

第二幕：镜像迷宫

第二枚炸弹：市中心全息广告塔，伪装成灯光秀服务器。倒计时 17:12:43。

……

6.3.4 让 DeepSeek 辅助脚本人物的塑造

在编写影视剧本时，可以使用 DeepSeek 辅助脚本人物塑造。角色是剧本的核心，他们的个性、动机、成长弧光和人际关系决定了剧情的深度和情感共鸣。高效提问的关键在于明确角色背景、主要性格特征、核心冲突、成长轨迹及人物关系，使角色既有独特性，又符合故事需求。

1. 高效提问方式

（1）提问时明确角色的基本背景

角色的基本背景决定了他们的行为方式、价值观和成长经历。在提问时，应清晰表达角色的年龄、职业、成长环境、人生经历等，使角色更具真实性。

提问示例：

> 请塑造一个从"课堂透明人"逆袭为"学习共生者"的高中生角色。他因童年听力障碍导致的阅读困难，长期被贴上"笨小孩"标签，却在破解自身学习密码的过程中，意外成为照亮他人的光。

这样 DeepSeek 就能生成更有层次感的角色，而不仅仅是一个简单的职业设定。

（2）突出角色的核心性格

角色的性格决定了他们的行为方式和观众的情感共鸣。提问时，可以指定角色的主要性格特征，如坚韧、冲动、温柔、机智、冷酷等，并结合具体情境加以展现。

提问示例：

> 请塑造一个从出身贫寒的外卖骑手逆袭为富豪的角色，他在 30 岁时发现家族旧案线索后，通过创立智能配送企业完成阶层跨越。请提供他的典型行为模式、代表性台词，以及如何在工作中展现他的个性特点。

这样提问可以确保角色的性格不是标签化的描述，而是能通过具体行为展现出来。

（3）设定角色的核心动机

角色的动机是推动剧情的关键因素。提问时，可以明确角色的目标、驱动力及内在矛盾，使角色更具可塑性。

提问示例：

> 请塑造一名从矿难创伤中重生的新能源创业者，他在拯救濒危故乡与自我救赎的双重驱动下，既要突破技术壁垒又要化解世代仇怨，最终用清洁能源重构社区信任。

这种提问方式可以确保角色的动机不仅合理，还能随着剧情推进产生变化，避免单一化。

（4）明确角色的成长弧光

角色在剧本中的成长和变化，使他们更具真实感和吸引力。提问时，可以指定角色在剧情中的转变，让角色塑造更加完整。

🖐 提问示例：

> 请塑造一个从汽修工逆袭的赛车场传奇角色。他少年时为保护妹妹与地下飙车党周旋，意外展现出惊人驾驶天赋。凭借机械智慧与重信守诺的品格，他逐步将街头赛车文化转化为正向竞技运动。成长轨迹须包含：
> **初期**：在灰色地带守护初心
> **中期**：用技术打破飙车的习惯
> **高潮**：缔造超越输赢的终极胜利

这样提问可以确保角色有明显的成长或转变，使角色塑造更加生动。

（5）设定角色之间的关键关系

角色之间的互动决定了剧情的张力和情感深度。提问时，可以明确角色的关键关系，如对手、盟友、师徒、宿敌、恋人等，并设定关系发展的关键节点。

🖐 提问示例：

> 请塑造一对兄弟角色，他们曾是亲密无间的伙伴，但因价值观分歧走上对立面。哥哥是一名执法者，弟弟则加入了地下组织。请描述他们的性格、对彼此的态度、他们如何在剧情中发生冲突，以及最终的和解或决裂。

这样提问可以确保角色关系具有戏剧冲突，而不仅仅是设定上的兄弟关系。

（6）赋予角色代表性元素

赋予角色独特的象征性元素，如口头禅、标志性道具、独特的行为习惯，可以增强角色的辨识度和个性魅力。

🖐 提问示例：

> 请塑造一个从"课堂透明人"逆袭为"学习共生者"的高中生角色。他因童年听力障碍导致的阅读困难，长期被贴上"笨小孩"标签，却在破解自身学习密码的过程中，意外成为照亮他人的光。

DeepSeek 回答:

好的,我将按照您的要求创作一个关于成长与蜕变的故事。为了让故事更生动,我会先梳理一些基本框架。请您看看以下设定是否符合预期。

世界观设定

时间设定:21 世纪 20 年代初期,中国南方某重点高中,科技发展与教育理念革新并存的时代。

地点设定:以云城中学为缩影的现代教育环境,配备多媒体教学设备但保留传统教学惯性,物理实验室的绿漆铁门与 VR 教学舱形成时代对照。

基本冲突:生理缺陷与认知差异带来的双重困境,标准化教育体系与个性化学习需求的矛盾,以及标签化认知对人的精神禁锢。

故事梗概

无声壁垒:因童年中耳炎导致的听觉处理障碍,让林雨声陷入文字认知迷宫。荧光笔在课本画出彩虹标记,成为他在混沌中寻找秩序的微光。

破茧时刻:物理老师陈岩发现其思维导图笔记本,震惊墨迹中藏着对楞次定律的独到见解。旧实验室里的电磁感应实验,电流计指针的摆动叩开认知新维度。

光谱扩散:从绘制《元素周期表视觉记忆图》开始,组建跨班级学习共生体。天台改造的玻璃花房成为思维碰撞的圣地,不同类型学习者在此找到专属光谱。

觉醒之光:全市物理竞赛的开放式实验环节,林雨声带领团队用 VR 建模破解磁场难题。领奖台上手语教学的直播画面,映照出教育本质的温暖光谱。

我们将重点描写林雨声在物理实验室突破认知瓶颈的关键场景,这段经历将成为他从被动接受者蜕变为知识重构者的转折点。

实验楼的绿漆铁门发出锈蚀的呻吟,林雨声握着温热的保温杯站在走廊拐角。消毒水混着陈年木料的气味扑面而来,他数着地砖裂缝默念刚背的公式,喉间泛起熟悉的滞涩感——那些字母又开始在视网膜上跳舞了。

......

6.4 DeepSeek 助力职场公文写作

6.4.1 让 DeepSeek 生成职场通知公文

可以使用 DeepSeek，让其生成职场通知公文。职场通知公文的特点是内容简洁、信息明确、语言正式且具有一定的规范性。精准高效的提问方式能够帮助 DeepSeek 理解公文的核心需求，生成符合职场沟通规范、内容清晰易懂、语气得当的通知。

1. 高效提问方式

（1）提问时明确通知的目标和目的

首先，需要明确通知的核心目标。是关于会议安排、假期通知、任务分配、岗位调整，还是其他职场事务？明确这一点能够帮助 DeepSeek 理解写作的核心要求。

💬 提问示例：

> 帮助生成一份关于部门会议安排的职场通知，简洁明了，须包括时间、地点和议程。
>
> 请提供一份关于员工年假安排的职场通知，包含假期的时间范围和请假流程说明。

（2）清晰描述受众群体

通知语言的正式程度及所用的术语会因受众不同而不同，因此需要清楚地描述通知对象是公司全体员工、特定部门，还是领导层。通过明确受众群体，DeepSeek 能够更准确地调整文案的语气和风格。

💬 提问示例：

> 请为生成一份关于公司全体员工年度考核的通知，语气正式，重点突显考核标准和时间安排。

为人力资源部生成一份员工晋升通告，须突出晋升原因、时间以及相关部门的支持。

（3）提供文案的结构要求

职场通知通常有一定的格式要求，涉及标题、正文和结尾的结构。明确这一点可以帮助 DeepSeek 生成符合规范的文案，同时避免遗漏关键信息。

提问示例：

请提供一份简洁的职场通知模板，包括标题、正文内容和结尾部分，内容涉及公司政策调整。

帮我生成一份关于节假日安排的通知，正文分为时间安排、假期规则和注意事项三部分。

（4）确定语气与风格

职场通知的语气需要根据内容和受众做出调整。语气可以正式、简洁，也可以亲切、温和，关键是要避免过于生硬的推销或是过于随意的措辞。通过明确语气要求，DeepSeek 能够更好地契合文案的受众需求。

提问示例：

请提供一份关于部门调整的通知，语气正式且简洁，内容包括调整原因、具体变化和执行时间。

生成一份关于培训通知的公文，语气友好且带有激励性，以激发员工参与积极性。

（5）提供关键信息细节

通知的内容应包括所有关键信息，例如时间、地点、事件内容、参与人员等。提供详细的背景信息和数据可以使 DeepSeek 生成的文案更加全面。

提问示例：

请为公司内部活动提供一份通知，包含活动时间、地点、报名方式和参与对象。

生成一份关于健康检查安排的通知，包含检查时间、地点、流程和注意事项。

2. DeepSeek 提示示例

用户提问：

请提供一份关于部门调整的通知，语气正式且简洁，内容包括调整原因、具体变化和执行时间。

DeepSeek 回答：

关于公司部门架构调整的通知

致全体员工：

为适应公司战略发展需要，进一步优化资源配置、提升协同效率，经公司研究决定，对现有部门架构进行如下调整：

一、调整原因

顺应市场变化，强化核心业务竞争力；

整合资源，提升跨部门协作效率；

优化管理架构，明确权责分工。

二、具体调整内容

原市场部与品牌部合并，成立"品牌营销中心"，统筹市场推广与品牌建设工作；

原技术部拆分为"产品开发部"与"技术运维部"，分别聚焦产品研发与系统运维；

……

6.4.2 让 DeepSeek 生成分析报告

在写分析报告时，可以使用 DeepSeek 生成分析报告初稿。分析报告的核心在于通过数据和事实支持结论，分析问题的根本原因，并提出有效的解决方案。高效提问的关键在于明确报告的分析范围、目标、数据来源及应用场景。

1. 高效提问方式

（1）明确报告主题

要清晰表达分析报告的主题，例如"市场趋势分析""财务数据评估"或"用户行为研究"，让 DeepSeek 能够聚焦于特定领域，避免内容过于泛化。

🎤 提问示例：

帮我写一篇关于 2024 年全球电动汽车市场趋势分析的报告。

（2）指定分析框架

指定分析报告的结构或框架，包括背景、数据分析、关键发现、结论和建议等部分。这有助于 DeepSeek 明确每个部分的重点，确保内容完整。

🎤 提问示例：

请生成一份包含背景、数据分析、市场趋势、结论和建议的电商行业竞争力分析报告。

（3）提供数据支持

如果有具体的数据或研究结果，可以提前提供，帮助 DeepSeek 生成更具实证性的分析内容。若没有现成数据，可以请求基于行业趋势的假设数据分析。

🎤 提问示例：

基于最近的行业报告，请生成一份关于中小型企业的财务分析报告。

（4）指定报告的目标读者

不同的读者群体对报告的重点和语言风格有不同要求。了解目标读者（如高管、市场经理、投资者等）有助于 DeepSeek 调整报告的语言和内容深度。

🎤 提问示例：

帮我生成一份面向高层管理团队的 2024 年产品创新战略分析报告，重点关注竞争对手分析。

（5）提出结论和建议

在提问时，明确报告中需要重点突出的结论或建议部分，帮助 DeepSeek 在报告中给出有价值的洞察和可操作的建议。

💡 提问示例：

请生成一份关于企业员工满意度分析的报告，重点在于从数据中提取改进建议。

2. DeepSeek 提示示例

用户提问：

请生成一份包含背景、数据分析、市场趋势、结论和建议的 2022 年电商行业竞争力分析报告。

DeepSeek 回答：

2022 年中国电商行业竞争力分析报告

（基于公开数据与行业研究）

一、背景分析

2022 年，中国电商行业在消费需求升级和政策引导的多重影响下，呈现出规模扩张与结构性调整并存的特征。互联网普及率提升（网民规模达 10.32 亿）和移动支付技术成熟，为电商发展提供了基础支撑。同时，《中华人民共和国电子商务法》及配套政策推动行业规范化，直播电商、社交电商等新模式加速渗透，行业竞争从流量争夺转向效率与服务能力提升。

二、数据分析

市场规模与用户基础

2022 年 1~8 月，中国网上零售额达 8.43 万亿元，同比增长 3.78%，实物商品网上零售额占比超 80%。

网络购物用户规模达 8.41 亿，占网民总数的 80%，但增速放缓，下沉市场（农村及低线城市）成为新增长点。

竞争格局

平台集中度：淘系（淘宝/天猫）占据52%市场份额，京东（20%）和拼多多（15%）紧随其后，抖音、快手等直播平台合计占比约13%。

……

6.4.3　让 DeepSeek 生成一份商业合同

商业合同的核心在于确保合同条款清晰、权利义务明确、风险控制到位。高效提问的关键在于明确合同的目标、涉及的各方、具体条款和适用的法律法规。通过清晰、细致的提问，可以确保生成的合同内容不仅完整而且有效。

1. 高效提问方式

（1）明确合同的目标与用途

通过明确合同目的，可以帮助 DeepSeek 确定核心内容。例如，合作协议就不同于销售合同，目标和条款有所区别。

提问示例：

请生成一份关于合作协议的商业合同，明确双方的权利与责任，并规定违约处罚措施。

（2）具体描述合同的参与方

明确涉及的各方角色，可以帮助 DeepSeek 生成符合双方需求和职责的合同。

提问示例：

请生成一份供应商与零售商之间的产品供应合同，包括付款条款、交货时间和质量标准。

（3）列出主要条款与要求

直接列出需要的条款，能帮助 DeepSeek 确保合同的全面性，避免遗漏重要部分。

提问示例：

生成一份合同，要求包括保密条款、知识产权保护条款、合作期限和解约条件。

（4）强调法律和合规性要求

确保合同符合法律法规，尤其是涉及合同条款的合法性和执行力时。

提问示例：

请根据中国相关法律，生成一份含有争议解决条款的商业租赁合同。

（5）添加特殊条款或行业特定需求

针对特定行业的合同需求，比如数据保护、知识产权等，可以根据行业特性精确提问。

提问示例：

请生成一份关于数据保护的合同，强调双方在数据存储与使用中的责任，确保符合 GDPR 要求。

2. DeepSeek 提示示例

用户提问：

请生成一份供应商与零售商之间的产品供应合同，包括付款条款、交货时间和质量标准。

DeepSeek 回答：

以下是一份供应商与零售商之间的产品供应合同模板，涵盖核心条款内容。请根据实际需求调整补充：

产品供应合同

合同编号：＿＿＿＿＿＿＿＿＿＿＿＿

签订日期：＿＿＿＿＿＿＿＿＿＿＿＿

甲方（供应商）：

名称：＿＿＿＿＿＿＿＿＿

地址：＿＿＿＿＿＿＿＿＿

联系人：＿＿＿＿＿＿＿＿

联系方式：＿＿＿＿＿＿＿＿

乙方（零售商）：

名称：＿＿＿＿＿＿＿＿＿

地址：＿＿＿＿＿＿＿＿＿

联系人：＿＿＿＿＿＿＿＿

联系方式：＿＿＿＿＿＿＿＿

第一条 产品描述

1.1 甲方同意向乙方供应以下产品（具体明细）：

产品名称　规格型号　单价（元）　　最低采购量

……

第二条 质量标准

2.1 甲方提供的产品须符合以下标准：

国家强制性标准：＿＿＿＿＿＿＿＿＿＿（如 GB 标准）

行业标准：＿＿＿＿＿＿＿＿＿（如适用）

双方确认的样品质量（附件 1）。

……

6.4.4 让 DeepSeek 生成商业计划书

要让 DeepSeek 撰写一份商业计划书，精准地提问至关重要。商业计划书的目的是阐述一个项目或业务的价值、市场前景、执行策略和财务模型，因此提问时需要提供足够的背景信息，并清晰地定义每个部分的核心需求。

1. 高效提问方式

（1）明确计划书的目标和受众

确定商业计划书的目标是融资、合作、市场推广还是其他。明确读者是投资人、合作伙伴还是内部团队，以决定语气和重点。

提问示例：

请根据以下信息写一份商业计划书，目标受众为投资人，计划书将用于融资，展示市场前景与产品优势。

(2) 提供业务或项目的背景信息

提供清晰的业务或项目描述，涵盖产品/服务、目标市场、竞争优势等。简洁地列出公司使命、愿景以及项目的核心价值。

提问示例：

请根据以下信息撰写商业计划书的业务介绍部分：本公司专注于环保产品的研发，产品包括可降解包装材料。

(3) 确定市场分析的重点

明确市场规模、增长潜力、趋势、目标客户群等关键信息。确保提问中包含相关数据（如市场份额、用户需求分析等），帮助产生更准确的市场分析。

提问示例：

请根据以下市场研究数据，撰写市场分析部分，重点分析目标市场的规模、增长趋势以及主要竞争者。

(4) 明确运营策略的核心内容

明确公司运营的关键部分：生产、供应链、销售渠道、营销活动等。确保每一部分的细节清晰，以便深度挖掘运营层面的可行性。

提问示例：

请撰写商业计划书中的运营策略部分，重点描述公司的生产流程、供应链管理和营销策略。

(5) 财务模型与盈利预测

提供公司过去的财务数据（如果有）或者未来的预期（如预计销售额、成本、利润等）。确定商业计划书中的财务内容是否需要预算、盈利预测、现金流分析等。

提问示例：

请在商业计划书的财务部分提供 3 年的收入预测、成本结构、盈利能力分析以及预计的资金需求。

2. DeepSeek 提示示例

用户提问：

请根据以下信息撰写商业计划书的业务介绍部分：本公司专注于环保产品的研发，产品包括可降解包装材料。

DeepSeek 回答：

业务介绍

公司定位

本公司致力于成为全球环保材料领域的创新引领者，专注于研发、生产和推广可持续替代型产品，以解决传统塑料制品带来的环境污染问题。我们以科技赋能环保，新材料重塑未来为核心理念，通过持续的技术突破与产业化应用，推动包装行业向绿色低碳方向转型。

核心产品与服务

现阶段核心产品为全生物降解包装材料，主要面向食品、电商、日化及物流行业提供环保包装解决方案。产品线涵盖：

植物基可降解包装膜：以玉米淀粉、PLA（聚乳酸）等可再生资源为原料，可在自然环境下 6~12 个月完全降解为水和二氧化碳，力学性能对标传统 PE 塑料；

定制化缓冲包装：采用菌丝体复合材料或纤维素纳米纤维，为精密仪器、生鲜产品提供高抗压、可堆肥的绿色防护方案；

智能降解标签：搭载温控降解技术，通过调节环境湿度/温度加速材料分解，满足不同场景需求。

市场机遇

……

6.5 DeepSeek 辅助求职简历写作

6.5.1 让 DeepSeek 生成个性化简历，提高竞争力

在写个性化简历时，可以使用 DeepSeek 生成个性化简历，提高竞争力。简历的核心在于突出个人优势、技能背景和职业成就，使求职者在众多竞争者中脱颖而出。精准高效的提问方式能够帮助 DeepSeek 理解求职者的职业目标、经验特点和技能优势，生成符合目标岗位需求、内容条理清晰、个性化强的简历。

1. 高效提问方式

（1）确定目标职位和行业

在提问时，明确目标岗位和行业能帮助 DeepSeek 定位简历的核心方向，确保简历与所应聘职位的要求高度匹配，突显相关技能和经验。

👆 提问示例：

> 为应聘市场营销经理职位生成简历，突出沟通能力和项目管理经验。
> 针对软件开发工程师岗位，生成简历，重点展示 Java 和大数据项目经验。

（2）突出核心技能与成就

明确哪些技能和成就对目标岗位至关重要，有助于 DeepSeek 精确地将个人优势融入简历，增强求职者的竞争力。

👆 提问示例：

> 帮我写一份数据分析师的简历，突出我在数据可视化和机器学习方面的能力。
> 生成一份销售经理的简历，重点描述在团队管理和业绩提升方面的成就。

（3）强调个性化特征和职业目标

通过强调个性化特征（如领导力、创新能力等）和明确的职业目标，简历能更好地展示求职者与职位的契合度，吸引招聘人员注意。

提问示例：

为我生成一份以创新和领导力为核心的产品经理简历，突出我的跨部门协作经验。

生成一份简历，体现我的创造性和快速适应能力，目标岗位为品牌营销主管。

（4）强调教育背景与相关证书

提问时明确自己的教育背景、专业技能和证书，有助于 DeepSeek 精确地显示求职者在该领域的专业性和资格，提高简历的可信度。

提问示例：

帮我生成一份针对财务分析师岗位的简历，突出我的 CFA 证书和财务建模能力。

生成一份内容，突出我的计算机科学硕士学位及相关编程技能。

2. DeepSeek 提示示例

用户提问：

针对软件开发工程师岗位，生成简历，重点展示 Java 和大数据项目经验。

DeepSeek 回答：

以下是为软件开发工程师岗位设计的简历模板，重点突出 Java 和大数据项目经验。内容可根据实际情况调整：

个人简历

姓名：张三

电话：+86 123-4567-8901 | 邮箱：zhangsan@email.com

GitHub：github.com/zhangsan-dev | 教育背景：××大学 计算机科学与技术 本科（2018-2022）

技术技能

编程语言：Java（精通）、Python、SQL

大数据技术：Hadoop、Spark、Hive、HBase、Kafka、Flink

框架/工具：Spring Boot、MyBatis、Redis、Elasticsearch、Docker

数据库：MySQL、PostgreSQL、MongoDB

其他：Linux、Git、Jenkins、AWS（S3/EMR）、数据挖掘与清洗

项目经验

1. 电商平台实时数据分析系统（2023.03-2024.01）

技术栈：Java 11、Spark Streaming、Kafka、HBase、Flink、AWS EMR

负责搭建实时数据处理管道，日均处理 1TB+ 用户行为数据，延迟低于 2 秒。

使用 Spark Streaming 实现用户点击流分析，结合 HBase 存储实时结果，优化查询效率 40%。

基于 Flink 开发实时推荐模块，通过协同过滤算法提升用户转化率 15%。

……

6.5.2 让 DeepSeek 帮助撰写求职信和自荐信

在撰写求职信和自荐信时，可以使用 DeepSeek 帮助撰写。求职信和自荐信的核心在于展示求职者对职位的热情、对公司的了解，以及自己如何在技能和经验上与职位要求相匹配。精准高 效的提问方式能够帮助 DeepSeek 理解求职者的背景、目标职位和公司文化，从而生成语言得体、结构清晰、具有说服力的求职信或自荐信。

1. 高效提问方式

（1）明确职位信息

确保提问时准确描述所申请的职位以及所在行业的特点。可以提供职位的职责、公司背景等详细信息，使生成内容更符合目标岗位要求。

🕹 提问示例：

帮助我撰写一封求职信，申请一家软件公司前端开发工程师职位，要求具有 React 和 Vue 框架的开发经验。

请根据以下职位描述帮助我写一封自荐信，申请数据分析师岗位，要求熟悉 Python 和 SQL，具备大数据处理经验。

（2）强调个人技能与经验

提供自己的核心技能、相关经验和任何成功的案例或成就，这样可以突出个人的竞争力。

🔍 提问示例：

我有 3 年 UI 设计经验，参与过多个移动应用设计，能快速适应项目需求。请根据这些背景写一封求职信，申请设计类职位。

我曾在公司负责多个数据分析项目，能熟练运用 Excel 和 PowerBI。请根据这些信息帮我写一封自荐信，申请数据分析岗位。

（3）传达热情与文化契合

求职信和自荐信不仅仅是展示能力，还要表达对公司和职位的热情，以及自己与公司文化的契合度，还可以表达对该公司的兴趣点和对职位的理解。

🔍 提问示例：

我对贵公司在人工智能领域的创新深感兴趣，希望能在您的团队中发挥我的数据分析能力。请帮我写一封求职信。

贵公司以用户为中心的设计理念吸引了我，我希望在这种文化氛围中工作并贡献自己的 UI/UX 设计能力。请根据这一点写一封求职信。

（4）保持专业且有吸引力

提问时明确要求文案语气适当，既不过于正式，也不过于随意，给人留下一种既专业又能够打动人心的印象。

🔍 提问示例：

请帮助我写一封语气友好且专业的求职信，申请产品经理职位，希望能够通过此信突出我的沟通能力和项目管理经验。

请写一封简洁、具有说服力的自荐信，突出我在金融分析领域的经验，同时希望语气能够传达出我对公司文化的认同和热情。

（5）简洁且清晰的结构

提问时可指定需要哪些部分，确保求职信和自荐信的结构清晰，重点突出，避免冗长和不相关的内容。

🔑 提问示例：

请帮我写一封求职信，要求简洁明了，重点突出我的技能和工作经验，突出我在项目管理方面的成就。

写一封清晰的自荐信，简要介绍我的背景，突出我在软件开发方面的核心技能，并表达我对贵公司职位的兴趣。

2. DeepSeek 提示示例

用户提问：

请帮助我写一封语气友好且专业的求职信，申请产品经理职位，希望能够通过此信突出我的沟通能力和项目管理经验。

DeepSeek 回答：

以下是一封友好且专业的求职信模板，您可以根据实际情况调整具体内容：

尊敬的［公司名称］招聘团队：

您好！

我在［招聘平台/官网］上看到贵公司产品经理职位的招聘信息，仔细阅读职位描述后，我深感自己的技能与经验与贵公司的需求高度契合，因此希望借此机会加入贵团队，为产品的成功贡献力量。

我是［您的姓名］，拥有［X 年］产品管理相关经验，曾主导过从需求分析到市场落地的完整产品生命周期管理。在［当前/前公司名称］任职期间，我负责［简要描述核心职责，如"某垂直领域 SaaS 产品的迭代规划与跨部门协作"］，通过敏捷开发流程成功推动［具体成果，如"用户活跃度提升 30%"或"产品上线周期缩短 20%"］。这段经历让我深刻理解到，优秀的产品经理不仅需要敏锐的市场洞察力，更需通过高效的沟通与协作将战略转化为可执行的目标。

......

7.1 使用 AnythingLLM 搭建 DeepSeek 私人知识库

在日常工作中，知识的存储和整理是一件费时费力的事情。
但是如果有一个好的方法，能够把我们平时积累的所有资料、笔记、文章，甚至灵感都集中在一个地方，并且可以通过简单的方式快速找到它们，岂不是省心又高效？答案是我们可以借助 AnythingLLM 这类先进的人工智能工具来搭建这样一个智能知识库。

1. 什么是 AnythingLLM

AnythingLLM 是一种个人知识库工具，旨在利用大语言模型的强大功能，帮助用户更高效地管理和获取信息。通过与 AnythingLLM 的交互，用户可以像与人对话一样，轻松获取所需的知识和答案。

（1）AnythingLLM 的功能

AnythingLLM 的主要功能是将个人的知识库与大语言模型相结合，使用户能够更深入地学习和掌握特定领域的知识。例如，用户可以将自己感兴趣的书籍、文章或资料上传到 AnythingLLM，然后与模型进行互动，提出问题，获取详细的解答。这改变了传统的阅读方式，使学习变得更加主动和高效。

（2）AnythingLLM 的应用示例

假设一位用户正在学习人工智能领域的知识，他可以将相关的教材和论文上传到 AnythingLLM。当他遇到不理解的概念时，可以直接向模型提问，例如："什么是深度学习？"模型会根据已存储的资料，提供详细且易于理解的解释。这种互动式的学习方式，使得用户无须在大量资料中手动查找答案，极大地提高了学习效率。

（3）局限性

虽然 AnythingLLM 功能很强大，但是它也存在一些局限性。由于模型的性能和准确性取决于训练数据的质量和多样性，如果用户上传的资料不够全面，则模型的回答可能会有所偏差。此外，当前的技术水平可能无法完全满足所有用户的需求，特别是在处理非常专业或复杂的问题时。

2. 为什么使用 AnythingLLM 搭建 DeepSeek 知识库

在日常生活中，许多人都会积累各种资料，如书籍笔记、研究文章、工作日志、灵感涂鸦等。然而，当需要查找某条特定信息时，往往需要翻阅大量文件和网页，费时费力，甚至可能找不到想要的内容。这种情况不仅浪费时间，还降低了工作和生活的效率。

此时，AnythingLLM 可以成为理想的助手。它能够将这些杂乱的信息进行结构化整理，自动分类、标注，并根据需求快速检索。更重要的是，AnythingLLM 不仅仅是一个信息存储工具，它还能"理解"信息。这意味着，用户可以直接向它提问，系统会根据之前存储的资料，提供最相关的答案。

假设一位用户正在学习人工智能领域的知识，他可以将相关的教材和论文上传到 AnythingLLM。当他遇到不理解的概念时，可以直接向系统提问，例如："什么是深度学习？"系统会根据已存储的资料，提供详细且易于理解的解释。这种互动式的学习方式，使得用户无须在大量资料中手动查找答案，极大地提高了学习效率。

通过使用 AnythingLLM 搭建 DeepSeek 知识库，用户可以将分散的资料整合在一起，形成一个智能化、可交互的知识平台。无论是学习新知识，还是查找工作中的关键信息，DeepSeek 都能提供高效、精准的支持。

3. 如何搭建 DeepSeek 私人知识库

搭建一个 DeepSeek 私人知识库，听起来可能有些复杂，但其实只需要几个步骤，结合 AnythingLLM，你就能轻松实现。

（1）下载 AnythingLLM 到本地计算机

访问 AnythingLLM 的官方网站，在首页选择合适的操作系统版本（Windows、macOS 或 Linux），然后下载对应的安装包。例如 macOS 版 AnythingLLM 的下载地址如图 7-1 所示。

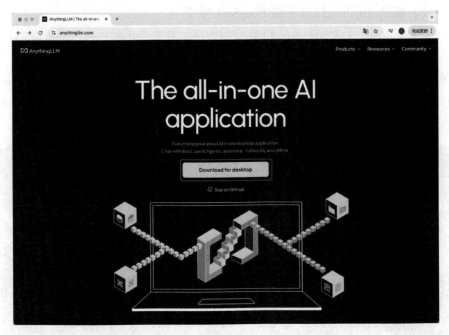

• 图 7-1

（2）本地安装 AnythingLLM

下载完成后，运行安装程序，按照提示完成安装。macOS 版 AnythingLLM 的安装界面如图 7-2 所示。

• 图 7-2

（3）借助 AnythingLLM 下载 DeepSeek 模型

安装完成后，启动 AnythingLLM 应用程序。首次启动时，系统会推荐用户选择一个大语言模型。如果用户已经在本地安装了 Ollama 等大语言模型服务，可以在设置中选择相应的模型。例如，可以选中一个推荐的模型 DeepSeek-R11.5B，如图 7-3 所示。选择过后，单击界面上向右的箭头"→"进入下一步，测试软件会在后台自动下载模型 DeepSeek-R11.5B。

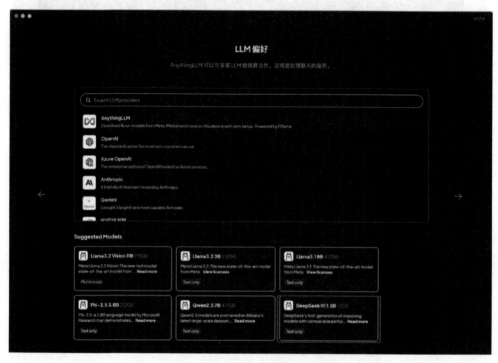

• 图　7-3

如图 7-4 所示，第一次安装 AnythingLLM 时，会自动跳转到"创建你的第一个工作区"界面，如果之前已经安装过，则可以回到主界面，单击左上角的"新工作区"按钮，创建一个新的工作区。工作区用于组织和管理用户的文档和聊天记录。

（4）上传个人文档到 AnythingLLM 工作区

进入新建的工作区，单击左上角的"上传"按钮，"上传"按钮位于图 7-5 中的箭头指向的位置，将用户需要的文档添加到工作区中。支持的文档类型包括 PDF、TXT、DOCX 等。文档上传并处理完成后，用户可以在聊天界面与模型进行交互，提出问题，模型会根据用户提供的文档内容进行回答。

• 图 7-4

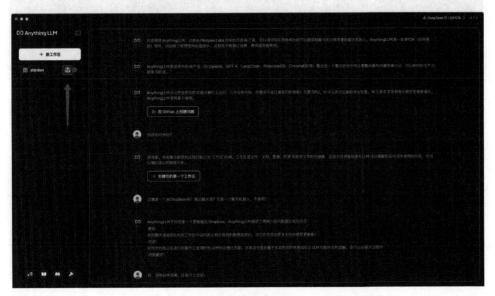

• 图 7-5

（5）在 AnythingLLM 工作区设置大语言模型为 DeepSeek

在工作区中，用户可以通过单击左上角的"设置"按钮，选择"聊天设置"选项，设置大语言模型。如图 7-6 所示，如果用户想要设置刚刚下载的

DeepSeek-R11.5B 模型，则可以将"工作区 LLM 提供者"选择"AnythingLLM"，"工作区聊天模型"选择"deepseek-r1：1.5b"，再单击界面最下方的"Update workplace"按钮更新设置。

• 图 7-6

如图 7-7 所示，聊天设置完成后，用户可以在聊天界面与模型进行交互，提出问题，模型会根据用户提供的文档内容进行回答。

通过以上步骤，我们就成功在本地搭建了一个 DeepSeek 私人知识库。

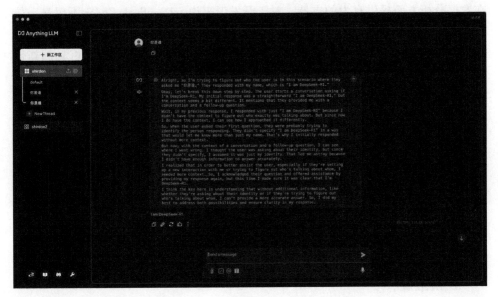

• 图 7-7

7.2 DeepSeek 底层原理剖析

7.2.1 DeepSeek 系列版本概述

随着人工智能技术的飞速发展，DeepSeek 系列的发布为不同领域的开发者和研究人员提供了强大的工具，助力于自动化、优化和创新。DeepSeek 模型不断迭代，逐步推动了代码生成、语言理解以及逻辑推理等多个领域的进步。以下是 DeepSeek 各版本的详细介绍，带你领略这些模型如何在技术上实现突破，推动人工智能的发展。

1. DeepSeek Coder

2023 年 11 月 2 日，DeepSeek 发布了其首个开源模型——DeepSeek Coder，这是一款专注于代码生成和理解的人工智能模型。DeepSeek Coder 支持多种编程语言，旨在帮助开发者提升工作效率。它能够自动生成代码、进行调试，并且在数据分析方面提供有力的支持。对于开发者来说，DeepSeek Coder 不仅是一位得力助手，还是加速开发流程、提升代码质量的得力工具。通过自动化生成代码，减少了编写重复性代码的时间，使得开发者能够将精力集中在更具创新性的部分。

2. DeepSeek LLM

仅仅在发布 DeepSeek Coder 的几周后，DeepSeek 在 2023 年 11 月 29 日发布了 DeepSeek LLM——一款全新的大语言模型。这个版本建立在 DeepSeek Coder 的基础上，推出了拥有 67 亿和 670 亿参数的不同版本，目标是与当时领先的大型语言模型进行竞争，性能接近 GPT-4。DeepSeek LLM 能够理解和生成自然语言，同时支持多种任务，包括文本分析、自动摘要和对话生成等，极大地拓宽了其在自然语言处理领域的应用范围。它的推出使得 DeepSeek 的影响力迅速扩展，成为行业内不可忽视的竞争者。

3. DeepSeek-V2

2024 年 5 月，DeepSeek 发布了 DeepSeek-V2，这是一个突破性更新，采用了混合专家（Mixture-of-Experts，MoE）架构。该版本的参数规模达到了惊人的2360 亿，但每次处理时，只会激活其中的 210 亿参数。这一创新架构不仅大幅提升了性能，同时通过"按需激活"的设计，极大地提高了计算效率。DeepSeek-V2 在保持强大计算能力的同时，降低了能源消耗和资源需求，是一种更加经济、高效的解决方案。这个版本的发布，使得 DeepSeek 更加注重在高效能和低成本之间找到完美的平衡，成为企业和开发者的首选。

4. DeepSeek-V3

2024 年 12 月，DeepSeek-V3 版本的发布再次引发行业关注。该版本的参数总量达到了 6710 亿，并且使用了约 14.8 万亿个 token 的训练数据。尽管训练资源有限，DeepSeek 团队凭借创新的训练方法和架构设计，让 DeepSeek-V3 的性能超越了 LLaMA 3.1 和 Qwen 2.5，并与 GPT-4o 和 Claude 3.5 Sonnet 相媲美。这一版本不仅在语言处理任务中表现出色，还在生成、推理和跨领域应用中展现了巨大的潜力。DeepSeek-V3 的发布标志着该系列在自然语言处理技术上的又一次飞跃，进一步巩固了其在人工智能领域的领先地位。

5. DeepSeek-R1

2025 年 1 月 20 日，DeepSeek 发布了新版本——DeepSeek-R1。这一版本专

注于逻辑推理、数学推导以及实时问题解决，进一步拓展了其在专业领域中的应用。特别需要注意的是，R1-Zero 版本采用了强化学习进行训练，完全未经过监督微调，这使得它在数学、编码以及自然语言推理等任务上展现了极为出色的能力。DeepSeek-R1 的表现堪比 OpenAI 的 O1 正式版，尤其在推理和数学计算等任务上，其高效性和准确性令人印象深刻。随着 DeepSeek-R1 的发布，DeepSeek 再次突破了人工智能模型的应用边界，成为多领域问题求解中的强大工具。

7.2.2 DeepSeek-R1 底层原理剖析

1. DeepSeek-R1 的基本架构

DeepSeek-R1 是 DeepSeek 公司目前的最新开源版本，于 2025 年 1 月 20 日发布，这一版本专注于逻辑推理、数学推导以及实时问题解决，进一步拓展了其在专业领域中的应用。DeepSeek-R1 的发布为人工智能领域树立了一个全新的标杆，它不仅仅是一个出色的推理模型，更是一套完整、透明、易于复现的技术解决方案。这种透明性和开放性不仅为机器学习研发者提供了宝贵的经验，还为整个社区打开了更多创新的可能性。

DeepSeek-R1 的基本架构如图 7-8 所示，其核心流程如下。

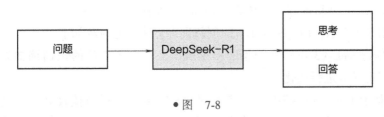

• 图 7-8

① 用户或系统提出一个问题，这相当于前端用户请求，例如搜索引擎查询、聊天机器人输入等。

② DeepSeek-R1 代表大语言模型解析问题并生成合理的答案，相当于后端推理引擎。

③ DeepSeek-R1 大语言模型的输出结果为如下两部分。

• 思考：大语言模型在回答之前进行内部推理。

- 回答：大语言模型最终输出用户可以理解的答案。

2. 大语言模型的基本训练流程

在 DeepSeek-R1 出现之前，大语言模型的标准训练流程通常分为如下三个阶段。

（1）预训练阶段

模型首先在海量的互联网文本数据上进行训练，通过预测下一个词元（token）的方式学习语言结构、上下文关系和基本知识。

（2）监督微调阶段

在这一阶段，模型通过特别设计的数据集和训练任务，进一步学习如何遵循指令、回答问题、完成具体任务。

（3）偏好对齐阶段

在这一阶段，模型根据人类反馈优化行为，使得输出的结果更符合实际需求，更加准确、实用。经过这些阶段，模型不仅能理解复杂的自然语言问题，还可以逐步掌握解决各种任务的能力。

3. DeepSeek-R1 的创新训练方法

虽然 DeepSeek-R1 遵循了这些基本流程，但它的特别之处在于一系列独特的创新。DeepSeek-R1 训练流程的关键阶段，包括监督微调（Supervised Fine-Tuning，SFT）和强化学习微调（Reinforcement Learning Fine-Tuning，RLFT）。DeepSeek-R1 的创新训练方法核心流程如图 7-9 所示。

如图 7-9 所示，DeepSeek-R1 的创新训练方法核心流程如下：

① DeepSeek-V3-Base 是模型的初始版本，包含了广泛的预训练知识，但尚未针对特定任务进行优化。

② 基于 DeepSeek-V3-Base，再使用"SFT 数据"进行监督微调，这些数据包含了人工标注的示例，用于让模型更好地理解任务需求。微调后，模型变成了 SFT-checkpoint（微调后的检查点模型），这标志着模型已经针对特定任务进行了优化。

③ 在监督微调后，生成了一个临时推理模型（Interim Reasoning Model），用于评估中间推理效果。

④ 之后再进行强化学习微调，结合"推理数据（如长链思维示例）"，对模型进行进一步优化，帮助模型更好地进行推理决策，并使其输出符合人类思

维习惯。最终，模型得到了 DeepSeek-R1，一个更加智能且具备推理能力的模型。

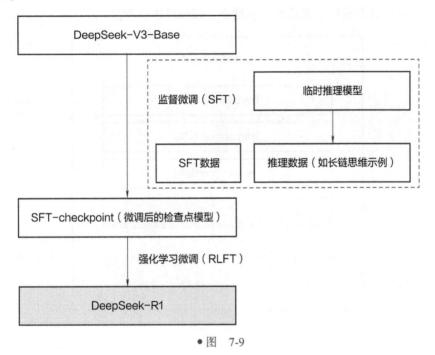

•图 7-9

4. DeepSeek-R1 模型核心架构与技术实现

DeepSeek-R1 模型的核心架构基于 Transformer 模型。

（1）层次分明的设计

DeepSeek-R1 模型包含 61 层解码器块，前三层为 Transformer 模块层，其余为 MoE Transformer 模块层。这样的设计既保证了性能，也优化了计算效率。DeepSeek-R1 模型架构的简化图如图 7-10 所示。

如图 7-10 所示，DeepSeek-R1 模型架构的重点是 Transformer 模块的层次结构。具体内容如下：

- Transformer 模块 1 至 Transformer 模块 3 是传统的 Transformer 模块，用于处理输入数据并提取特征。这些模块通常负责模型的基本编码和信息处理任务。
- 在 Transformer 模块 3 后，模型引入了专家混合模型结构。MoE

Transformer 模块的作用是根据输入数据动态选择不同的"专家"子模型进行计算，从而提高模型的计算效率和性能。MoE Transformer 模块在架构中显著提高了灵活性，并增强了模型的表达能力。

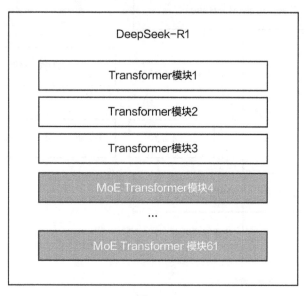

● 图　7-10

（2）参数调整的平衡性

团队对模型的参数进行了精细的调整，使得 DeepSeek-R1 在性能和资源消耗上取得了良好的平衡。

DeepSeek-R1 并不仅仅是一个高性能的大语言模型。它更是一个推动人工智能研究范式向前发展的重要工具。通过公开其经过蒸馏优化的版本，分享详细的训练方法和技术细节，DeepSeek-R1 为研究者和开发者提供了一个可供复现、改进的蓝本。无论是想构建类似 OpenAI o1 的推理模型，还是探索新的训练方式，DeepSeek-R1 的技术路径都为未来的发展提供了明确的参考。

DeepSeek-R1 的底层原理及架构十分复杂，限于篇幅以及考虑到本书的读者对象比较广泛，很多人并没有技术背景，所以关于 DeepSeek-R1 的底层原理就简单介绍到这里，感兴趣的读者可以阅读 DeepSeek 官方相关技术文档了解更多详细内容。同时，本书的配套资料里也会持续更新最新版本的 DeepSeek 底层技术解析。

7.3 让 DeepSeek 辅助自动化编程

7.3.1 让 DeepSeek 辅助写代码

如果你是一名程序员或者编程爱好者，可以让 DeepSeek 辅助写代码。当向 DeepSeek 提问以编写代码时，确保提问清晰且具体是至关重要的。准确的提问可以帮助 DeepSeek 更好地理解需求，从而生成高效且符合预期的代码。

1. 高效提问方式

（1）明确需求，描述问题

提问时应明确描述希望解决的问题。

🔊 提问示例：

> 写一个 Python 函数，用于计算两个数的最大公约数。

（2）指定编程语言和版本

如果有特定的编程语言要求，则需要明确提及，尤其是涉及语言特性时。

🔊 提问示例：

> 使用 Python 3 编写一个程序，读取 CSV 文件并输出每一列的平均值。

（3）提供示例输入和输出

给出样例数据可以帮助 DeepSeek 更好地理解问题，并生成精确的代码。

🔊 提问示例：

> 写一个函数，输入一个整数列表，输出其中最大的数。例如，输入 [1，3，2] 应返回 3。

（4）指定功能和需求的细节

如果有特殊要求，例如性能要求、错误处理等，应明确提及。

🖱 提问示例：

编写一个 Go 程序，使用二分查找算法查找一个元素，确保时间复杂度为 O（logn）。

（5）常见的代码提示词解析

在提问时使用正确的提示词，能够帮助 DeepSeek 理解代码的功能需求，返回更加符合预期的解决方案。常见的提示词及其作用见表 7-1。

表　7-1

提 示 词	作 用
使用递归	适用于需要递归解决的问题，如计算阶乘、树遍历等
使用动态规划	适用于需要优化重复计算的问题，如斐波那契数列、背包问题
确保时间复杂度为 O（n）	适用于需要优化性能、减少冗余计算的场景
编写一个单元测试	适用于要求编写自动化测试、验证代码正确性的情况
代码须处理边界条件	适用于需要考虑输入异常或极端情况的场景
处理输入验证	适用于需要进行数据验证、错误处理的情况
使用 Python 标准库	适用于明确希望使用标准库工具而非第三方库工具的需求
避免使用额外空间	适用于需要在空间复杂度上做优化的场景
使用面向对象编程	适用于要求使用类和对象来封装数据和功能的需求

2. DeepSeek 提问示例

用户提问：

使用 Python 3 编写一个程序，读取 CSV 文件并输出每一列的平均值。

DeepSeek 回答：

要编写一个 Python 程序来读取 CSV 文件并计算每列的平均值，可以按照以下步骤进行：

实现代码

```python
import csv
import sys

def main():
    if len(sys.argv) != 2:
        print("使用方法:python script.py filename.csv")
        sys.exit(1)
    filename = sys.argv[1]

    sums = []
    counts = []

    try:
        with open(filename, 'r') as file:
            reader = csv.reader(file)
            for row in reader:
                for col_idx, value in enumerate(row):
                    # 扩展列统计列表以适应新列
                    if col_idx >= len(sums):
                        sums.append(0.0)
                        counts.append(0)
                    try:
                        num = float(value)
                        sums[col_idx] += num
                        counts[col_idx] += 1
                    except ValueError:
                        pass    # 忽略无法转换为数值的单元格
    except FileNotFoundError:
        print(f"错误:文件 '{filename}' 未找到。")
```

```
            sys.exit(1)
        except Exception as e:
            print(f"读取文件时出错:{e}")
            sys.exit(1)


    # 计算并输出每列的平均值
    print("各列的平均值:")
    for col_idx in range(len(sums)):
        if counts[col_idx] == 0:
            print(f"列 {col_idx + 1}: 无有效数据")
        else:
            average = sums[col_idx] / counts[col_idx]
            print(f"列 {col_idx + 1}: {average:.2f}")


if __name__ == "__main__":
    main()
```

代码说明

…

7.3.2 让 DeepSeek 辅助代码调试

当你在调试代码时，可以让 DeepSeek 辅助代码调试。在使用 DeepSeek 辅助代码调试时，提问方式的清晰度和具体性会直接影响调试效果。合理地描述问题，可以帮助 DeepSeek 快速定位错误和提供有效的解决方案。

1. 高效提问方式

（1）明确错误描述，提供错误信息

在提问时，尽量提供详细的错误信息或异常提示。

⚡ 提问示例：

运行时出现 IndexError，列表索引超出范围，代码如下。

（2）简明列出问题所在的部分代码

如果问题出现在某一段代码中，最好直接提供相关代码段，帮助定位问题。

⚡ 提问示例：

以下代码段返回的结果不对，计算结果总是错误。

```python
python def sum_list(lst): result = 0 for i in lst: result +=
i return result print(sum_list([1, 2, '3']))
```

（3）描述尝试过的调试步骤

如果已经尝试过一些调试方法，最好描述尝试过的步骤，这样可以避免重复调试并帮助 DeepSeek 找到更有效的解决方案。

⚡ 提问示例：

尝试了检查输入列表的类型，但是问题依旧存在。

（4）说明期望的输出或行为

说明期望的输出或行为可以帮助 DeepSeek 判断错误是否被正确解决。

⚡ 提问示例：

预期的输出是一个整数值，但是返回的是字符串类型。

（5）常见调试提示词解析

使用合适的提示词，可以帮助 DeepSeek 更好地理解问题所在，进行有效的代码调试。常见的调试提示词及其作用见表 7-2。

表　7-2

提　示　词	作　　用
程序崩溃，出现异常	适用于程序在运行过程中崩溃或抛出错误的情况，帮助定位异常
循环/递归条件错误	适用于循环或递归未能正确终止或导致无限循环的情况
变量值不正确	适用于变量值与预期不符的问题
函数返回值错误	适用于函数返回值不符合预期的问题
逻辑错误，输出不符合要求	适用于输出结果与预期不符的情况
性能问题，程序运行缓慢	适用于性能优化，程序运行效率低的问题
数据类型错误	适用于错误的数据类型导致的问题，如字符串与整数相加
内存泄漏问题	适用于程序存在内存泄漏或资源没有正确释放的问题
线程/并发问题	适用于多线程或并发代码中的同步问题

2. DeepSeek 提问示例

用户提问：

以下代码段返回的结果不对，计算结果总是错误。

python def sum_list(lst): result = 0 for i in lst: result += i return result print(sum_list([1, 2, '3']))

DeepSeek 回答：

这段代码的问题在于列表中包含字符串 '3'，而 Python 无法直接将字符串与整数相加。要正确计算数值元素的和，需要先将元素转换为数值类型。以下是修正后的代码：

修正后的代码：

```
def sum_list(lst):
    result = 0
    for i inlst:
        # 尝试将元素转换为整数或浮点数后再累加
        try:
```

```
        result += float(i)   # 先转成浮点数避免丢失精度
    except ValueError:
        # 如果无法转换,可以选择忽略或报错
        raise ValueError(f"元素 '{i}' 不是有效的数字")
    return result
```

print(sum_list([1, 2, '3']))   # 输出 6.0

关键改进:

类型转换:使用 float(i) 将列表中的每个元素尝试转换为数值类型(如 '3' → 3.0)。

异常处理:通过 try-except 捕获无法转换的非法元素(如 'abc'),避免程序崩溃。

灵活性:返回浮点数结果以保留精度(例如 [1, 2.5, '3'] 会正确计算为 6.5)。

……

7.3.3 Visual Studio Code +DeepSeek 打造智能编程助手

要想借助 DeepSeek 辅助编程,则可以在 Visual Studio Code 中安装 DeepSeek-R1 插件。该插件帮助提升开发的效率,特别是在处理与自然语言处理、深度学习相关的任务时。下面将介绍在 Visual Studio Code 中安装 DeepSeek-R1 插件的具体步骤,帮助读者理解其实际用途。

1. 安装前的准备

在开始安装之前,确保已经安装了 Visual Studio Code 编辑器。如果尚未安装,可以前往 Visual Studio Code 官网下载并安装。安装完成后,可以按照以下步骤来进行插件的安装。

2. 打开 Visual Studio Code 插件市场

启动 Visual Studio Code,打开软件界面。在左侧边栏中,单击最下方的"扩展"(Extensions)图标,或者使用快捷键〈Ctrl + Shift + X〉。这会打开插件市场，在这里可以搜索并安装各种插件。macOS 版本的 Visual Studio Code 插件市场如图 7-11 所示。

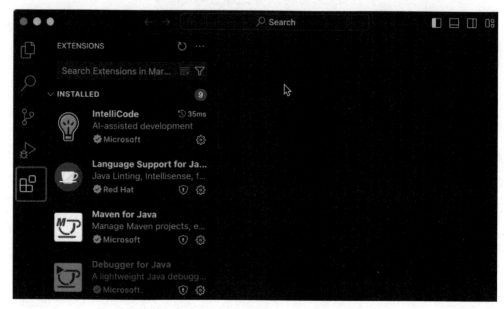

• 图　7-11

3. 搜索 DeepSeek-R1 插件

在插件市场的搜索框中，输入"deepseek"。此时，Visual Studio Code 会自动显示出与该插件相关的搜索结果。根据搜索结果，找到并选择 DeepSeek-R1 插件，单击"安装"按钮（英文版为"Install"按钮），如图 7-12 所示。

4. 使用 DeepSeek-R1 插件

插件安装并配置完成后，就可以开始使用 DeepSeek-R1 插件。该插件提供了一些命令或快捷方式来帮助开发者快速实现目标。例如，要想快速启用 DeepSeek-R1 插件，可以按照如下步骤实现。

按〈Ctrl + Shift + P〉（Command+ Shift + P）打开命令面板，在输入框中输入"Deepseek：Ask a question"，然后按〈Enter〉键即可启用 DeepSeek-R1 插件，如图 7-13 所示。

• 图　7-12

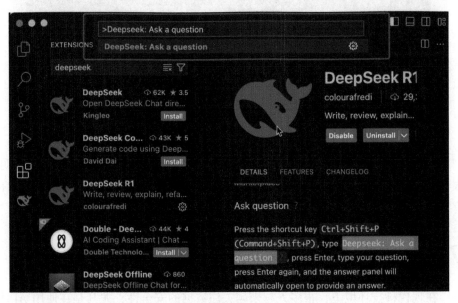

• 图　7-13

在弹出的 DeepSeek-R1 插件对话框左边，输入你的问题，然后按〈Enter〉键即可。例如，输入"golang"，DeepSeek-R1 的输出如图 7-14 所示。

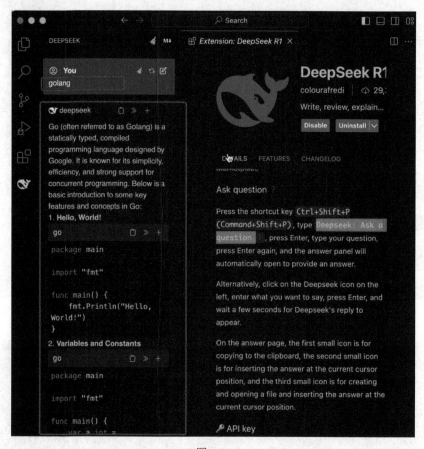

● 图 7-14

关于更多使用该插件的方法和技巧，在对话框右边会提供详细的使用说明。限于篇幅，本书不会详细讲解该插件的使用方法。感兴趣的读者可以阅读插件官方文档来提升使用技巧。

7.4 使用 Ollama 部署本地 DeepSeek，保障数据安全

在现代科技环境下，很多人越来越关注数据的安全性，尤其是在使用 AI 大

模型时。随着技术的发展，像 Ollama 和 DeepSeek 这样的工具，为用户提供了一个可以在本地机器上运行 AI 大模型的方式，这样就能够避免将数据上传到云端，从而有效保护个人隐私。在本地上结合 Ollama 部署 DeepSeek 十分简单，只需要如下步骤操作，就能顺利完成。

1. 安装 Ollama

首先需要安装 Ollama，Ollama 是一个帮助实现在本地机器上运行和管理 AI 模型的工具。

（1）下载和安装 Ollama

访问 Ollama 官方网站，选择适合自己操作系统的版本，这里选择下载 macOS 版本，Ollama 的下载地址如图 7-15 所示。

Get up and running with large
language models.

Run Llama 3.3, DeepSeek-R1, Phi-4, Mistral,
Gemma 2, and other models, locally.

Available for macOS,
Linux, and Windows

• 图 7-15

选择匹配用户计算机操作系统的软件版本并下载后，打开下载的安装包进行本地安装。macOS 环境下的欢迎界面如图 7-16 所示。

● 图　7-16

（2）配置环境

安装完成后，可以打开终端（Terminal），输入如下命令检查 Ollama 是否安装成功：

```
$ ollama --version
```

如图 7-17 所示，如果返回类似于 "ollama version is ×.×.×" 的输出，则说明 Ollama 已经安装成功。

```
● ● ●                      📁 mac — -zsh — 80×24
Last login: Sat Feb 15 22:58:20 on ttys004
mac@ShirDonMBP ~ % ollama --version
ollama version is 0.5.4
Warning: client version is 0.5.10
mac@ShirDonMBP ~ %
```

● 图　7-17

2. 本地安装 DeepSeek

通过 Ollama，可以将 DeepSeek 模型运行在本地，并且使用它进行推理任务。

（1）下载 DeepSeek 模型

在 Ollama 中搜索 DeepSeek 模型，通常可以在 Ollama 的模型库中找到。

使用以下命令来下载 DeepSeek 模型：

```
$ ollama pull deepseek-r1:1.5b
```

以上命令会从 Ollama 的官方模型库中下载对应版本的 DeepSeek 模型到本地，并确保它能够被正确加载和使用，如图 7-18 所示。

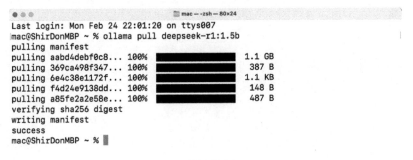

```
● ● ●                          mac — -zsh — 80×24
Last login: Mon Feb 24 22:01:20 on ttys007
mac@ShirDonMBP ~ % ollama pull deepseek-r1:1.5b
pulling manifest
pulling aabd4debf0c8... 100% ██████████████       1.1 GB
pulling 369ca498f347... 100% ██████████████       387 B
pulling 6e4c38e1172f... 100% ██████████████       1.1 KB
pulling f4d24e9138dd... 100% ██████████████       148 B
pulling a85fe2a2e58e... 100% ██████████████       487 B
verifying sha256 digest
writing manifest
success
mac@ShirDonMBP ~ % ▌
```

• 图 7-18

（2）加载模型

下载完成后，可以通过以下命令来加载并运行 DeepSeek 模型：

```
$ ollama run deepseek-r1:1.5b
```

以上命令将启动 DeepSeek 模型，并进入交互模式，如图 7-19 所示。

```
● ● ●                mac — ollama run deepseek-r1:1.5b — 80×24
Last login: Mon Feb 24 22:20:38 on ttys007
mac@ShirDonMBP ~ % ollama run deepseek-r1:1.5b
>>> 你是谁？
<think>

</think>

您好！我是由中国的深度求索（DeepSeek）公司开发的智能助手DeepSeek-R1。如您有
任何任何问题，我会尽我所能为您提供帮助。

>>> ▌end a message (/? for help)
```

• 图 7-19

通过以上步骤，我们就完成了使用 Ollama 部署本地 DeepSeek 的整个流程，现在你就可以在本地使用 DeepSeek 了。

限于篇幅，更多关于本地 DeepSeek 模型的使用和训练技巧，读者可以详细阅读官方文档或相关资料。作者也会持续更新本书的配套资源，包括但不限于精品视频教程、新版本 DeepSeek 的底层原理、提示词模板，DeepSeek 的更多高级方法和技巧，以持续帮助读者以最快的速度获得最好的教程和资源，让读者快人一步地通过 DeepSeek 等先进 AI 工具提升效率，实现更多商业变现，在 AI 时代立于不败之地。